U0376555

高职高专"十三五"规划教材

服饰搭配艺术

第二版

张富云　吴玉娥 ◎主编

 化学工业出版社

·北京·

本书较全面地讲解了服饰的含义与发展、服饰搭配的内容与形式、服饰造型风格的表达，剖析了不同体型与服装造型之间的互补关系，各种服饰色彩的运用，色彩之间的搭配原则，不同材质的搭配与选择，以及如何合理地运用服装流行，结合自我个性，穿出真我风采，并列举了各种场合的服饰搭配技巧及各种服饰形象风格的塑造。本书内容覆盖面广，针对性强，能使读者一目了然。

本书可作为高职高专服装设计专业学生的专业课教材，也可以作为高校学生的美育读物。另外，本书还可以成为一本大众读物，来点缀、美化人们日益丰富多彩的衣生活。

图书在版编目（CIP）数据

服饰搭配艺术/张富云，吴玉娥主编. —2版. —北京：化学工业出版社，2017.5 （2023.1重印）
ISBN 978-7-122-29275-9

Ⅰ.①服… Ⅱ.①张…②吴… Ⅲ.①服饰美学 Ⅳ.①TS941.11

中国版本图书馆CIP数据核字（2017）第048178号

责任编辑：蔡洪伟　陈有华　　　　　　　　文字编辑：林　媛
责任校对：王素芹　　　　　　　　　　　　装帧设计：史利平

出版发行：化学工业出版社（北京市东城区青年湖南街13号　邮政编码100011）
印　　装：北京缤索印刷有限公司
787mm×1092mm　1/16　印张12　字数272千字　2023年1月北京第2版第6次印刷

购书咨询：010-64518888　　　　　　　　售后服务：010-64518899
网　　址：http://www.cip.com.cn
凡购买本书，如有缺损质量问题，本社销售中心负责调换。

定　　价：49.00元

第二版 前言

"一个人的着装打扮，就是如何把自己呈现给世界的一种方式。尤其是在这个信息交换如此之快的时代，服装是一种快速表达的语言。"PRADA品牌首席设计师缪西娅·普拉达这样描述服装所蕴含的魅力。的确，在信息高速发展的今天，树立良好的服饰形象，不仅可以增强自身的竞争实力，同时也是现代社会交际的需要。如何对自身形象的设定有一个主动的认识，能够准确地运用丰富的服饰语言表现自己，协调好各种服饰元素之间的关系，总结出一套适合自我的服饰表达方式，更好地展现个人魅力，这是编写此教材的主旨思想与出发点。

《服饰搭配艺术》教材自第一版出版以来，得到行业企业专家、同人的关注，受到院校师生、社会服装爱好者的喜爱与支持，同时大家也提出了很多宝贵的意见和建议。这些都促使我们对教材进行进一步的修改与完善，为大家呈现出更精彩、实用的内容。

本次修订在第一版教材的基本框架之上，遵循以增强学生职业能力为前提，体现"知识、技能、素质"三位一体的编写原则，对第一版教材中文字表达模糊和不够准确的地方做了全面修正，使全书的内容更加顺畅。在章节中增加了体现服装行业发展新动向的专业知识点，运用最新的服饰图片诠释服饰搭配的内容。对"课外学苑"板块做了重新的调整。在激发学生学习兴趣和创新思维的同时，使学生紧跟时代步伐，掌握更多的服饰知识。

本书主编为开封大学张富云、山东科技职业学院吴玉娥。山东服装职业学院薛伟、平顶山工业职业技术学院朱乐天、河南省今之朱服饰有限公司首席形象设计师朱巧霞、设计师张力文参加了此次教材的修订工作。

由于编写水平有限，书中难免有疏漏之处，敬请读者批评指正。

编者
2017年1月

第一版
前言

在信息高度发达的今天，随着人们文化水准的提高、生活条件的改善、意识形态的显著变化，在对服装的追求上，很多的消费者不再只满足于服装所能提供的生理功能，而是更强烈地追寻服装中所蕴含的时代美、智慧美、机能美和着装后赋予穿着者的自信与社会的认同。越来越多的人渴望通过自身的服饰形象向周围的环境表现自我意识，通过自身的服饰形象来得到周围环境的认可。因此服饰形象的确立，服饰的搭配艺术在当今社会中变得十分重要。如何对自身形象的设定有一个主动的认识，成功地运用丰富的服饰语言表现自己，总结出一套适合自我的服饰表达方式，协调好各种服饰因素之间的组合方式，使它们为穿着者服务，使每一个服饰细节与主体相吻合，更好地展现个人魅力，这是编写这本教材的主旨思想与出发点。

本书严格遵循理论加实用的编写原则，从讲解服饰搭配的内容与形式，分析服饰搭配原理，教授服饰搭配的基本内容、服饰搭配的美学法则切入，接着围绕服饰搭配中的几个关键因素展开具体分析，并结合实际案例讲解不同服饰形象的服饰风格表现、人与服装的和谐关系，直至服饰搭配的总结运用。本书图文并茂，内容翔实，在每章的后面设有"课外学苑"，以使学生掌握更多的服饰知识。

本书主编张富云、吴玉娥，副主编薛伟。具体编写分工如下：第一章（第一节、第二节）、第二章、第四章由张富云编写，第一章（第三节）、第三章、第八章由吴玉娥编写，第五章、第九章由张怡编写，第六章由徐媛苑编写，第七章由薛伟编写，部分插图由卜阳绘制。全书由张富云统稿。

本书在编写过程中得到化学工业出版社、有关学院领导与广大同人的支持与帮助，在此表示诚挚的感谢。同时也感谢山东服装职业学院马腾文教授在百忙之中抽出时间对本书进行了审稿与指导。

由于编写时间仓促，编写水平有限，书中难免有疏漏之处，敬请读者批评指正。

编者
2009年3月

目 录

目录

目 录

目 录

第六章　服饰配件的点睛作用 101

目 录

目　录

第一章 概述

学习目标

1. 理解服饰的含义。

2. 了解服饰发展的历史。

3. 明确在当今社会中服饰搭配的重要性。

4. 掌握服饰搭配艺术中的内容与要素。

5. 了解服饰搭配过程中应遵循的美学法则，并学会如何应用。

常言说："三分长相，七分打扮"，这充分说明了服饰的选择与搭配对塑造一个人的形象起着多么重要的作用。在当今社会中，服饰形象不仅彰显出个人的魅力，更折射出一个人的文化内涵与气质修养。正如英国伟大作家莎士比亚说的："一个人的穿着打扮就是他的教养、阅历、社会地位的标志。"无论在什么场合，得体的服饰是必不可少的，服饰应用到位的话，会使人的形象平添秋色。

第一节　服饰的内涵

服饰，作为人类社会特有产物，既是物质文明的结晶，又具有精神文明的含义。它除了满足人们物质生活需要外，还代表着一定时期的文化、经济、审美的发展水平，反映出不同时期人们的审美观及对时尚的理解和追求。

一　服饰的相关含义

1. 服饰的含义

服饰包括狭义和广义两层含义。

（1）狭义的服饰是指附着于服装之上或为服装主体进行搭配、修饰的装饰物的总称。如：服装上的图案、刺绣、纹样，烘托整体着装效果的箱包、鞋子、眼镜、手套、领带、丝巾等。这些服饰又可以称作服饰配件，它们的作用是烘托、陪衬、点缀、美化服装，使服装的整体艺术效果更加完善，更能突出穿着者的服饰形象，使人仪态万千。

（2）广义的服饰是指服装与饰品，即衣着及其配件的总称。

广义的服饰不但包括装饰物，还包括服装主体。人们在注重服装款式、风格进行变化的同时，也要注重与之相搭配的服饰物的设计与选择。

2. 服饰搭配

服饰搭配是指着装构成中上装与下装、里装与外装、衣着与装饰物在材质、色彩、款式、风格等方面的组合关系。

3. 服饰形象

服饰形象是通过服饰之间的搭配与组合，注重与着装者的外在形象、内在气质形成统一与融合的关系，从而增强服饰造型的魅力，给人视觉以舒适感和美的享受。成功的服饰形象打造是构建整体完美人物形象的重要因素。

二　中国服饰的发展历史

　　服饰形象、生动地记录着一个国家、一个时代的历史变迁和社会发展。中国有着五千年的服饰发展历史，各个时代不同的服饰特征，折射出政治、经济、文化、习俗、审美、宗教等方方面面的社会形态，可以说中国服饰发展的历史是一个内容极其丰富博大的文化宝库，它记载着几千年来中华民族各方面的变迁。

 1. 先秦时期的服饰

　　先秦时期是指夏、商、西周、春秋和战国时期，即公元前21世纪至公元前221年。先秦服装作为中国古代服装发展的基础，对后世产生了深远的影响。先秦时期的服装比上古时期的服装更为完善，涌现了冕服、弁服、元端、袍、深衣和裘等多种服装形式，以及各种首饰、佩饰等。它完成了中国古代服装最基本的形制，即套装式的上衣下裳制，以及整合式的上下连属制。此后，中国历代的服装，都按照这两种基本形制发展变化。图1-1为先秦时期的服饰。

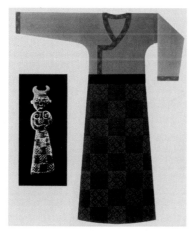

▲　图1-1　先秦时期的服饰

 2. 秦汉时期的服饰

　　秦汉处于中国封建社会的上升阶段，各民族之间、对外各国之间的交流日益活跃，人们对装饰的要求日益强烈，其服饰的各个方面都较前有了很大发展，再加之汉代的染织工艺在继承战国传统的基础上有了飞跃的发展，染织的品种增多，不仅能织出精美多样的花纹，而且染织技术也有较高的水平，因此当时的服饰呈现出运动、气势、渐趋华丽的艺术风格。袍是秦汉时期典型的服饰，其中男子的曲裾深衣更是一种独特的创造。在女服方面，有作为礼服的深衣和日常之用的襦裙；女子发式以挽髻为主。成熟时期的秦汉服装通过"丝绸之路"开始走向了世界，它的意义在于：悠久的中国服饰文化，从此得以在世界各地传播与扩大。图1-2为秦汉时期的服饰。

（a）男子服饰　　　　　　　　　　　（b）女子服饰

▲ 图1-2　秦汉时期的服饰

3. 魏晋南北朝时期的服饰

魏晋南北朝，战争连绵，政权更迭频繁，使整个社会政治、经济、文化都处于激烈动荡之中。在此背景下，意识形态领域的诸多变化对人们服装观念也产生重大影响。南北各民族间的服装影响、丰富、发展了汉民族的服装文化，使魏晋南北朝服装表现出了多民族性的特征。男子大袖衫和女子的裙衫成为这个时期服装的主流，并绵延数个世纪。在女子发式方面，高髻式使女子面目更为俊秀，同时又使得服装整体修长婀娜，加之衫裙生动流畅，衣纹服装整饰得风格独特。无论男女、贵贱，均以宽衫大袖、褒衣博带为时尚。魏晋南北朝时期的服饰中无论是裤褶还是笼冠、介帻、风衣风帽等，都反映了汉族与其他少数民族相互学习、相互交融、共同创造的结果。图1-3为魏晋南北朝时期的服饰。

（a）男子服饰　　　　　　　　　　　（b）女子服饰

▲ 图1-3　魏晋南北朝时期的服饰

4. 隋唐五代的服饰

隋朝是继秦汉之后再度建立的封建统一国家，隋炀帝即位，完成对汉族服饰制度的重新拟定。唐朝是中国封建社会的鼎盛时期，揭开了中国古代最为灿烂夺目的篇章。近三百年的唐代服饰一方面承历代冠服制度，另一方面唐朝服装发展兼容并蓄，广采博收，大放异彩。同时，唐朝服装与亚洲诸国服饰的交流融合为人类服装交流发展做出了贡献。隋唐服装的空前繁荣，突出体现在女子服饰上，其主要特征是华丽、雍容大度的服装款式；不拘一格、形式多样的穿着方式；配套齐全、种类繁杂的装饰装扮。隋唐妇女的发髻种类多样，形态各一，富有时代特点。面妆方面更是受妇女重视，妆饰争奇斗艳。可以说隋唐时期服装作为古代服装的一座里程碑，在中国服饰发展史上永放光辉。图1-4为隋唐女子服饰。

▲ 图1-4　隋唐女子服饰

5. 宋辽金元时期的服饰

宋辽金元时期，封建制度转向衰落。宋朝汉族政权在宋代理学以及禅宗思想的影响下，服饰趋于拘谨、质朴、清幽、淡雅。背子是宋朝服装中很有特色的一种服饰，它不仅适用于男子，还作为女子的常服与礼服。元朝是由蒙古人统治，所以元朝的服饰也比较特别。蒙古人多把额上的头发弄成一小缕，像个桃子，其他的就编成两条辫子，再绕成两个大环垂在耳朵后面，头上戴笠子帽。元朝人的衣服主要是质孙服——较短的长袍，比较紧、比较窄，在腰部有很多衣褶，这种衣服很方便上马下马。图1-5为宋朝的服饰，图1-6为元朝的服饰。

▲ 图1-5　宋朝服饰

▲ 图1-6 元朝服饰

6. 明朝时期的服饰

明朝废弃了蒙元少数民族服制，将服饰制度作了重新规定，出现了区别官阶秩序的又一重要标志——补子（补服）。明朝的男装，大人多穿青布直身的宽大长衣，头上戴四方平定巾，一般平民穿短衣，裹头巾。明朝女装与唐朝女装相比，在衣裙比例上明显倒置，由上衣短下裳长到逐渐拉长上衣，缩短露裙的长度，其衣领也从宋朝的对襟领蜕变为圆领，明朝的贵妇多是穿红色大袖的袍子，一般妇女只能穿桃红、紫绿及一些浅淡的颜色。平日常穿的是短衫长裙，腰上系着绸带，裙子宽大，样式很多，像百褶裙、凤尾裙、月华裙等。图1-7为明朝女子服饰。

▲ 图1-7 明朝女子服饰

7. 清朝时期的服饰

清朝是中国历史上封建社会的最后一个王朝。清朝服装制度发生了重大的改变，它以满族的服饰装束为主，具有典型的北方游牧民族特色，致使中国古代服装在最后一个封建朝代发生了重大的变异。历时数千年的宽袍大袖、拖裙盛冠、潇洒生动、纤弱柔美的汉族传统服饰遭到破坏和变革。而与之形成鲜明对比的衣袖短窄、素朴肃穆的满族旗装取得了统治地位。旗装以用料节省、制作简便、穿着便利为其特点。图1-8为清朝的服饰。

▲ 图1-8 清朝的女子与男子服饰

8. 近代时期的服饰

1840年爆发的鸦片战争，是中国近代史的开端，衣冠服饰也随之而发生了变化。辛亥革命后，孙中山先生身体力行为中国服装的发展做出了积极的贡献，以他的名字命名的"中山装"，对后世的影响已远远超出衣服本身。受西方工业文明的冲击，中国服装业开始了艰难的发展历程。在新思想、新观念的影响下，广大妇女从缠足等陋习的束缚中解放出来，并大胆尝试用服装充分展示自然人体美。改良旗袍成为20世纪20～30年代大城市的繁荣景观，收腰、高开衩的旗袍把女装的发展推向高潮。另一方面，国外先进科学技术、裁剪技术、服装生产设备及经营管理方法、国外服装文化的直接引进，使国内民族纺织服装业得到积极发展。图1-9为改良的旗袍与中山装。

▲ 图1-9 改良的旗袍与中山装

9. 20世纪50年代至70年代末的服饰

1949年中华人民共和国成立，建国伊始，政治倾向较鲜明，大力批判资产阶级的生活方式，这些直接影响了人们的服饰观念。服装以粗制的布料为美，款式单一肥胖，趋向实用、结实、朴素，色彩以深蓝、军绿、灰、黑为主。在几亿中国人的衣柜里，绿、蓝、黑、灰等几种颜色的衣服占据了绝对的"统治地位"。图1-10为20世纪50年代至70年代末的服饰。

▲ 图1-10　20世纪50年代至70年代末的服饰

10. 20世纪80年代以后的服饰

20世纪70年代末80年代初，国门打开、观念变更，中国人重新打量自己的穿着，在自我怀疑的目光中，逐渐认同穿着打扮是没有阶级性的。中国人深埋几十年的爱美之心，开始在服饰上得以释放。20世纪80年代，大街上满是花里胡哨的年轻人在紧紧地追逐时尚的脚步，大喇叭裤、蝙蝠衫、蛤蟆镜、幸子衫、健美裤等，这些如今已经被尘封的词汇，在当时却是作为流行元素，表达着他们叛逆不羁、表现自我的性格。

20世纪90年代，服饰已经成为人们日常生活中必不可少的话题。此时，服饰品种丰富多彩，服饰品牌层出不穷，服饰潮流瞬息万变，人们对服饰的追求是要通过品牌穿出品位和档次，正如一位波兰记者访华后的撰文中所言："几年或十几年前，北京是一个灰色的城市，有人甚至称它为'世界的农村'，人们穿着既单调又一律……如今穿着入时、欧式打扮的姑娘，使北京的街道有一种令人应接不暇的特殊美感。"

进入21世纪，互联网的发展使得人们获得各类时尚资讯变得畅通无阻，国际品牌、高级定制、海外代购等多元化的服装形式促使国人的服饰观念又有了一个质的飞跃，个性的审美标准逐渐确立，大街小巷随处可见民俗风、复古风、嘻哈风、混搭风……服饰的选择与搭配很难用一种款式或色彩来概括。新世纪人们对于服装诉求的最高境界就是穿出独一无二的时尚潮。

现代生活中服饰搭配的重要性

（1）服饰搭配是塑造个人服饰形象的前提与保障。

在日常生活中，大多数人是凭感觉来选择服饰搭配的，知其然而不知其所以然，这就有较大的随意性和盲目性。掌握服饰搭配的常识，可以形成自觉的服饰观念，对于服装及其配件的选择和配套就会更加科学与得体，服饰行为的质量和服饰文化的品位也会因此而提高，服饰形象的打造更易成功。

（2）服饰搭配反映一个人的修养与审美水平。

一个人的修养与审美水平可以通过很多方面展示出来，如行为、举止、言谈等，其中服饰搭配是展示一个人的修养与审美水平的重要窗口。套装、套裙或连衫裙，本身具有一种整体感，这主要是设计师赋予服装的，而单件服装的搭配全靠自己的审美水准及对服装风格的把握和理解。什么时间、什么地点、什么场合选择搭配什么样的服饰，这看似简单的问题，其实包含了要考虑颜色、面料是否般配，是否适应自己的肤色、体型、气质，是否与周围的环境相协调，通过外在的服装组合，显现出的却是内在的文化修养。

（3）完美的服饰搭配显示社会身份，表达服饰礼仪，赢得社会尊重，成为社交的必要手段。

服饰是现代社会社交生活中无声的语言，恰当的运用不但展示出服饰礼仪，而且能够正确表达自己的意愿，赢得他人尊重。例如，牛仔裤这种超越社会限制、流行风尚及年龄象征的服装，让穿着者充分享受生活的自由化，但是，如果穿着它去参加宴会或婚礼，跳绅士节拍的交谊舞，定会给人过于随便、轻率、有失体统的印象。办公室女性打扮得花枝招展，会给上司不稳重的印象。中年女性仍穿少女服饰，难免让人讥笑。而佩金戴玉过多、身穿连衣裙脚蹬旅游鞋、旗袍裹身而挎西式小包等都是穿着搭配的错位。

第二节　服饰搭配中的要素与形式

人们常说，衣服不在贵，会穿则灵。所谓会穿，就是通过和谐有序的服饰搭配，展现出每个人最完美的一面。因此，在整体形象中服饰表现得生动有致或呆板松散，完全取决于服饰与穿着者之间、服饰与服饰之间、服饰与环境之间的搭配是否合适，取决于服饰搭配中的各种要素的选用与形式的组合。

一 服饰搭配中的要素

1. 色彩的搭配美

服饰的美是造型、色彩与材质的综合体现，然而首先映入眼帘的是服装色彩，不同的色相、明度、纯度表达出不同的感情，给人以丰富的视觉与心理感受。因此色彩是服饰搭配中的首要因素，不同的着装、不同的场合、不同的对象、不同的季节都应配合不同的流行色彩，给人以全新的美感。

2. 造型的元素美

服装的造型即是服装的款式，服装的造型千变万化，每一种造型都有相应的服装风格的显现。造型中的元素点、线、面转化为服装各部位的款式细节，在服饰搭配过程中款式之间的组合，款式与人体之间的映衬关系，款式与环境的协调都必须与穿着者的具体条件相适应。

3. 材质的质地美

材质是构成服装的物质基础。服饰搭配中材质的质地美包括服装选用材料的质感、光泽、色感、图案、厚薄、软硬等方面形成的视觉与触觉感受，以及与服装构成，与穿着者的肤色、形体、周围环境、季节相协调而产生的美感。

4. 配件的装饰美

服饰配件在服饰搭配中起到画龙点睛的作用。西服中的领带、晚礼服的首饰、女职业套装中的丝巾、箱包与鞋子，恰到好处的服饰配件能使整体服饰形象熠熠生辉，增添个人魅力。

5. 仪容的装扮美

在服饰搭配艺术中，不但要注重服装主体与配饰的选择，而且要重视得当的发型与妆容。得当的发型与化妆体现着人与服饰的协调，弥补脸部缺陷，美化个人形象。

6. 时尚的潮流美

服装是时尚的产物，流行是服饰的生命。在服饰搭配中，应注重流行元素的应用，比如流行的色彩、流行的材质、流行的饰物、流行的风格。一种流行风尚的形成，它必然是新颖的、带有鲜明的时代感，在材料、色彩、线条、性能等方面彰显出不同以往的感人魅力，所以在服饰搭配中穿出时尚就要有流行的影子。

7. 自身的人体美

人体美指的是人的体型的健康之美。服饰搭配的目的之一就是美化、修正人体。在服饰搭配过程中，要充分了解不同体型的特点，能够利用服饰选择把人体不理想的部分加以美化，扬长避短，弥补外形的欠缺。

8. 个性的张扬美

在服饰搭配中应注重流行的应用，但并不等于要完全照搬流行，因为流行的元素并不适合任何人，在流行中找准自己的定位，在搭配中显示个性之美，才是服饰形象塑造的最高境界。

二、服饰搭配中的三种形式

服饰搭配艺术中应注重三种形式的协调与统一。

1. 服饰自身的搭配要具有统一与协调美

服饰自身的配套艺术中有材质的配合、色彩的配合、款式造型的配合，也就是追求服饰风格的统一以实现服饰的"协调性"。

材质方面，相同或相似的材料或质地要统一。例如服装是选用天然纤维编织的棉、麻材料做成的，而与之配套的饰物应是天然材料的海螺、珍珠、木质的手镯等。而那些高档的黄金铂金、钻石是大不可取的。色彩方面，基本色调与同类邻近色的色彩关系要能够统一。当服装的基调过于单调沉闷时可用丰富、明亮的饰品色彩来画龙点睛，为着装者注入青春和活力。当服色显得强烈、刺激时可用单调、含蓄的饰物来中和，让服饰和服装协调统一。造型方面，服装与服饰有相同或相似结构的能够达成统一。比如背心式连衣裙的结构简洁明了，色彩搭配和谐再配上一顶富有特色的帽子与之相配更增强了这种朴实简洁的风格。

2. 服饰和着装者的搭配要协调统一

人是有个性的，强调个性是现代服饰的特征之一。越来越多的消费者要求穿着不雷同于他人的服饰，以表现自己独特的风貌和气质。热情奔放者，服饰浓艳大胆，迷你裙、牛仔裤、大草帽、宽松衫，相得益彰，意气风发。拘谨矜持者，款式保守，色调深沉，正襟危坐，不苟言笑。淡泊含蓄者，素衣一袭，悠然自得。好胜争强者，抢占流行的前沿……

3. 服饰与时间、场合、环境的搭配要协调统一

服饰搭配要与一定场合、时间协调统一。比如当今社会的女性群体大多是职业女性上班族。就着装而言，柔和色调的裙装和裤装是首选，局部可用反差较大的色调调和，以求变化。发型简单，首饰轻巧别致，这种简洁大方的服饰搭配会给人以精明能干、端庄秀丽的职业形象。但是若在庆典、宴会场合，如穿着普通又不施粉黛，无任何装饰，则会显得清贫寡淡，索然无味，与欢庆场合格格不入。

第三节　服饰搭配的美学法则

一　美的原理与法则

形式美是指自然、生活、艺术中各种形式因素（色彩、线条、形体、声音）的自然属性及其有规律的组合所具有的审美特性。

形式美有相对的独立性审美价值，但它绝非纯粹自然的事物。它远离了美的具体内容，形成了形式本身的特定抽象意义。

形式美法则源于客观事物，总结与研究这些法则是为了创造更美的艺术作品。形式美体现了人的自由创造的事物的外部形式，是人们对在实践活动中创造的美的事物外部特征的高度概括和自觉运用的结果。所以说形式美的根源是生活实践。

形式美的基本原理和法则是对自然美加以分析、组织、利用并形态化了的反映。从本质上讲就是变化与统一的协调。其主要有比例、对称与平衡、节奏、对比与统一、和谐与整体等几个方面的内容。这些规律是人类在创造美的活动中不断地熟悉和掌握各种感性质料因素的特性，并对形式因素之间的联系进行抽象、概括而总结出来的。

1. 比例

比例是部分与部分或部分与全体之间的数量关系。在艺术创作和审美活动中比例实质上是指形式对象内部各要素的数量关系。如不同形状的长宽比，不同物质属性的面积比，不同色彩的跨度比。恰当的比例则是一种和谐的美感，成为形式美法则的重要内容。美的比例是平面构图中一切视觉单位的大小，以及各单位间编排组合的重要因素。

2. 对称与平衡

均衡是指几种不同形态之间相互保证均衡状态的既对立又统一的空间关系，其具体表现在对称与平衡两种形式。对称是平衡的特殊形式。均衡是在不对称中求平衡。对称的形态在视觉上表现出自然、安定、典雅、庄重、完美。均衡的特点是两侧的形体不必等同，量也不一定相当。均衡也是一种对称，比较自由的对称，它是变化的对称。均衡在静中求动。

3. 节奏

节奏本是指音乐中音响节拍轻重缓急的变化和重复。节奏这个具有时间感的用语在构成设计上是指以同一视觉要素连续重复时所产生的运动感。韵律原指音乐（诗歌）的声韵和节奏。节奏是韵律的条件，韵律是节奏的深化。

在平面构成中单纯的单元组合重复容易单调，而通过有规则变化的形象或色群间以数比、等比处理排列，使之产生音乐、诗歌的旋律感，称为韵律。

4. 对比与统一

事物要素在对比中相反相成，使具有明显差异矛盾和对立的双方或多方在一定的条件下共处于一个完整的艺术统一体中，形成相反相成的关系。对比统一的关系主要是通过视觉形象冷暖、大小、粗细、高矮等多方面的对立因素来达到的。它体现了哲学上矛盾统一的世界观。费希纳认为两种事物对比所产生的总体效果，要比它们分别产生的效果更为强烈。

5. 和谐与整体

和谐是指审美对象各组成要素及各组成部分之间处于矛盾统一、相互协调的一种状态。爱因斯坦指出：宇宙本身就是和谐的。和谐是指通过相互关联、呼应、衬托达到整体关系的协调，使相互间的对立从属于有秩序的关系之中，从而形成了统一，具有同一性和秩序感。

小结：形式美的法则不是刻板的，亦不是一成不变的，它贯穿于包括绘画、雕塑、建筑等在内的众多艺术形式之中，也是自始至终贯穿于服装设计中的美学法则。

二 服饰搭配中美学法则的应用

服饰搭配作为艺术设计的一种，是以追求发挥服装的最佳组合来烘托人体美为其目的。形式美法则对于服饰搭配具有重要作用，服饰搭配既要遵循形式美法则的规定，又要考虑不同人的感觉。只有运用形式美法则并且不断创新求变，才能为人类设计出更多更美的服饰。

1. 比例的运用

服饰搭配中的比例，体现在各部件之间的长短、宽窄、大小的比对关系。当服装的数值关系达到了美的统一和协调，被称为比例美（见图1–11）。整体方面，如上装与下装的长短，外套与提包的大小。局部方面，如领子、袖子与衣身的比例，口袋、袖袢等装饰品与衣身的比例。

▲　图1-11　比例在服装中的应用

2. 平衡

平衡表现为对称式平衡和非对称式平衡两种形式。对称式平衡关系应用于服装搭配中可表现出一种严谨、端庄、安定的风格，不对称的平衡则打破了对称式平衡的呆板与严肃，营造出活泼、动态、生动的着装情趣，追求静中有动，以获得不同凡响的艺术效果（见图1-12）。

▲　图1-12　平衡在服装中的应用

3. 节奏、韵律

在服饰搭配中，运用图案、色彩、面料、饰品等元素按照一定的规律重复出来，就可以产生不同的韵律美感。在设计过程中要结合服装风格，巧妙应用以取得独特的韵律美感。通过裙子中不同层次及黑白彩色的渐变效果，创造出有韵律感的节奏（见图1-13）。

▲ 图1-13 服装中的节奏、韵律

4. 强调夸张

　　服装中通过强调可以起到引人注目的效果。强调可以转移人的注意力，把最美的效果首先展示给人们，强调和夸张的法则在特殊体型着装中的运用，可以很有效地掩盖人体的缺点，突出人体的优点。在服装搭配中可运用强调的因素很多，主要有造型上的强调，色彩的强调，材质机理的强调，量感的强调等，通过强调能使服装更具魅力（见图1-14）。

▲ 图1-14 服装中的强调夸张

5. 变化与统一的协调

变化与统一是构成服装形式美诸多法则中最基本也是最重要的一条法则。在服装搭配中多元素的组合既要追求款式、色彩的变化多端，又要防止各因素杂乱堆积缺乏统一性。在变化中求统一，并保持变化与统一的适度，才能使服装搭配更加完美（见图1-15）。

▲ 图1-15 服装中变化与统一的协调

课外学苑 服饰搭配的TPO原则

T、P、O分别是英语中Time（时间）、Place（地点）、Occasion（场合）三个单词的开头字母，TPO原则作为世界通行的服饰选择的最基本原则，它要求人们在进行服饰选配和穿着时必须考虑时间、地点和场合这三个基本因素，即着装要与时间、季节相吻合；要与所处场合环境，与不同国家、区域、民族的风俗习惯相吻合；要与着装人的身份、地位、气质、修养相吻合；要根据不同的交往目的、交往对象选择服饰，构建服饰的和谐美，给人留下良好的印象。

一、Time——服饰的时间原则

时间原则一般包含三个含义：第一个含义是指每天时间的变化，包括早上、日间和晚上等不同的时间段；第二个含义是指每年四季的更迭：春、夏、秋、冬；第三个含义是指时代之间的衔接与差异。

通常来讲，一天的时间当中人们早上、日间安排的活动户外居多，穿着可相对随便；而晚间的宴请、听音乐、看演出、赴舞会等的穿着一般则比较正规，并由于空间的相对缩小和人与人之间的礼仪要求，晚间活动的服饰会引起更多的重视，在款式、材质、风格、配饰等方面也就相对华丽与庄重。除了一天的时间变化外，一年四季不同气候条件的变化对着装的心理和生理的影响也非常巨大。夏季的服饰应以简单、凉爽为原则，春秋的服饰应以简练、舒适为原则，冬季的服饰应以保暖、轻便为原则。此外，还要顺应时代的潮流和节奏，濒临落伍淘汰或过分新奇前卫的服饰都会令人侧目，与社会格格不入。

二、Place——服饰的地点原则

地点原则实际上是指环境原则。不同的环境需要与之相协调的服饰。豪华宾馆铺着丝绒地毯的会客室与陈旧简陋的会客室，穿着同一套服装的感受截然不同。同样，在高贵雅致的办公室，在绿草丛生的山野，或在曲折狭窄的小巷，穿戴同样的服饰给人的感受也会不同，或是给人身份与穿着不相配的感觉，或是给人呆板的感觉，或是显得华而不实……而避免它的最好办法就是根据环境条件"入乡随俗"。

三、Occasion——服饰的场合原则

场合原则是指服饰要与穿着场合的气氛相和谐。参加庄重的仪式或重要的典礼等重大活动，着一套便服或打扮得花枝招展，会使公众感觉行为轻浮、缺乏教养；商业谈判时选择T恤衫、牛仔裤和旅游鞋，会让对方认为缺乏诚意；而身着西装革履出现在迪斯科的舞场上，又会令人感到十分滑稽。因此，场合原则要求事先有针对性地了解活动的内容和参加人员的情况，或根据往常经验，精心挑选和穿着合乎某种特定场合气氛的服饰。记住永远穿得比四周的人稍微考究一点，精神一点，时尚一点，使你的服饰与场合气氛的融洽和谐程度始终比他人高一筹，会使你成功的概率更高。

思考与练习

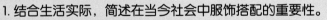

1. 结合生活实际，简述在当今社会中服饰搭配的重要性。

2. 服饰搭配中的要素有哪些？分析其中的三个要素在生活中的应用。

3. 服饰搭配中的三种形式分别是什么？

4. 什么是形式美的法则？它在服饰搭配中如何应用与体现？

第二章　服饰搭配中的造型元素

● 第一节　服装款式造型构成
● 第二节　人体基本结构与外形特征
● 第三节　体型与服装款型的搭配技巧

学习目标

1. 了解服饰搭配中造型美的构成要素。

2. 明确服装款式造型中外轮廓、内轮廓与局部设计表达的服装风格与特点。

3. 通晓人体的基本结构，了解各种形体的特点，能够较准确地进行人体体型的分类。

4. 重点掌握服装款型与体型的搭配技巧，能够利用服饰搭配中的造型元素弥补体型不足。

从服装设计的角度讲，服装造型是决定服装外在风格以及整体艺术效果的第一要素。从服饰搭配的方面看，服装造型同样是搭配内容的重心环节，对穿着者的外在形体、内在气质都起到烘托与美化作用。

第一节　服装款式造型构成

一　服装造型美的定义

服装的造型美狭义是指服装的款式、细节、风格所展现的形式美感。广义上是指人的形体、气质、修养与服装款式、风格之间经过深度融合、相互映衬，所树立起来的良好服饰形象。

服装造型美是服装搭配和人体装饰的基本出发点。独特的服装款式风格，不但表现人体美、烘托气质与风度，并折射出当下的生活方式与时代潮流。

二　服装造型美的构成要素

服装造型美由三个方面决定：服装款式造型中的外轮廓、内轮廓及服装造型中的局部与细节。

1. 服装款式造型中的外轮廓

（1）定义　服装的外轮廓是由服装的外形周边线显现出来的服装整体外形形象。服装的外形不仅决定服装的造型风格，反映时代风尚，而且是服饰搭配诸多因素中展现人体美的主要因素，尤其是通过对肩、腰、臀等主要人体部位的夸张和强调，能够塑造出理想的人体外形。

（2）分类　服装的外轮廓可以分为两大类：直线形和曲线形。直线形包括H、A、V形等，曲线形包括X、O、S形等。

①H形。指宽腰式的服装外形。肩、腰、臀、下摆的宽度大体上无明显差别，整体造型如筒形。这类廓形简洁、明快，具有中性化风格，可掩饰过胖或过瘦的体型（见图2-1、图2-2）。

②A形。上部收紧，下部宽松，呈现上小下大的外轮廓形。由于A形的外轮廓线从直线变成斜线增加了长度，从而达到高度上的夸张、华丽、飘逸的效果（见图2-3、图2-4）。

③V形。也称倒三角形。此类服装上宽下窄，通过夸张肩部收紧下摆的廓形，体现洒脱、威武、奔放的服装风格。能够突出男性人体特征，因此特别适合男装的设计，也适合女装的职业化造型（见图2-5、图2-6）。

▲　图2-1　H形服装（一）

▲　图2-2　H形服装（二）

▲　图2-3　A形服装（一）

▲　图2-4　A形服装（二）

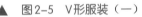

▲ 图2-5 V形服装（一）　　　▲ 图2-6 V形服装（二）

④T形。强调肩部和袖部造型。具有庄重、健美、力量的象征，突出大方、洒脱的气质，适合女装造型和男装造型（见图2-7、图2-8）。

▲ 图2-7 T形服装（一）　　　▲ 图2-8 T形服装（二）

⑤X形。这一廓形的特点通过夸张肩袖部，收紧腰部，扩大底摆获得，因此又称"沙漏形"。这种造型富于变化，肩、腰、臀、下摆形成鲜明对比，充满活泼、优雅、浪漫情调。此款型符合女性形体特征，具有浓重的女性化色彩（见图2-9、图2-10）。

⑥O形。这一廓形的重点在腰部，通过腰部的宽松，肩部的强调弯度及下摆的收紧等手段，使躯干部位的外轮廓呈不同弯度的弧线，整体风格圆润可爱。常见的服装类型有孕妇装、娃娃装、灯笼裙、灯笼裤，近几年流行的韩版服装也属此类廓形（见图2-11、图2-12）。

▲　图2-9　X形服装（一）　　　　▲　图2-10　X形服装（二）

▲　图2-11　O形服装（一）　　　　▲　图2-12　O形服装（二）

⑦ S形。又称紧身适体型。这是一种忠实于体型原有特征的外轮廓，它通过结构工艺设计、面料特性等手段达到显示人体曲线美的目的。一般常用于女装，体现出女性的性感、妩媚、柔美和优雅（见图2-13、图2-14）。

除上述服装的外轮廓分类之外，服装的廓形还包括以下几种形式。

① 挂覆式。以肩为支点，把服装材料披挂于人身上的形式，如披肩、斗篷、坎肩等类型的服装形式（见图2-15、图2-16）。

▲ 图2-13　S形服装（一）　　　　▲ 图2-14　S形服装（二）

▲ 图2-15　挂覆式服装（一）　　　　▲ 图2-16　挂覆式服装（二）

② 缠裹式。用布围绕人的身体进行缠裹所形成的服装，具有较强的民族感。如印度的纱丽裹裙等（见图2-17、图2-18）。

③ 垂曳式。指上下连在一起的全身衣，长长地垂下的袍状形式，具有宽松、飘逸的特征（见图2-19、图2-20）。

▲　图2-17　缠裹式服装（一）　　　　▲　图2-18　缠裹式服装（二）

▲　图2-19　垂曳式服装（一）　　　　▲　图2-20　垂曳式服装（二）

④ 贯头式。又称套头式、钻头式。用两块布合起来，肩部固定或用一块布在中间挖洞，头可以从中间伸出来。如现代生活中的套头衫（见图2-21、图2-22）。

⑤ 体型式。指根据人体形态结构特征，由上装和下装组合而成的服装类型。是符合现代社会生活特点的成衣种类，可以分为上衣和裤装或上衣和裙装类型（见图2-23、图2-24）。

▲ 图2-21　贯头式服装（一）

▲ 图2-22　贯头式服装（二）

▲ 图2-23　体型式服装（一）

▲ 图2-24　体型式服装（二）

2. 服装款式造型中的内轮廓

（1）定义 服装的内轮廓即是服装内部结构造型。它体现在服装的各个拼接部位，构成服装的组织结构，使服装各部件有机组合，从而形成服装的整体美。

（2）分类 服装的内部造型是由不同功能的线条组合而成的，包括服装剪辑线、装饰线、褶裥线等。在服装的造型中，如果内部线条设计巧妙，布局合理、恰到好处，服装整体美会得到更全面的表现，并且使穿着者的体型比例显得更加完美。

① 省道线。省道是在服装内部轮廓设计中根据人体结构起伏变化需要，围绕着人体的凸出部位，将多余的布料裁剪或缝褶起来，制作出适合人体形态、显示人体曲线的服装。省道根据其形成的位置分为：胸省、腰省、臀位省、后背省、腹凸省等（见图2-25）。

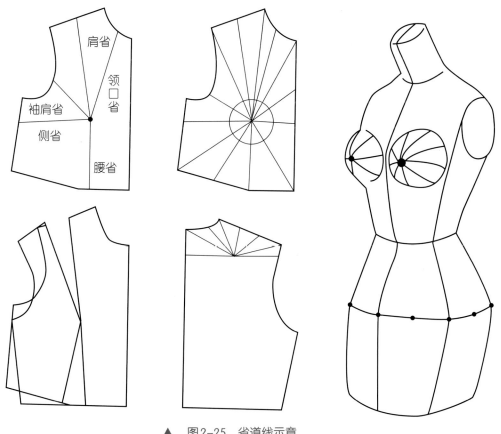

▲ 图2-25 省道线示意

② 剪辑线。服装的剪辑线又称分割线，是指体现在服装的各个拼接部位、构成服装整体的线。分割线所处部位、形态、数量的改变能引起款式局部变化，因此与人体的形体特征有着密切的关系。分割线主要有两种形式，直线分割与曲线分割。女式服装上多采用曲线形的分割，如公主线造型，显示出女性活泼、秀丽、苗条的韵味；而刚健、豪放的竖直线、水平线成为男式服装的主旋律，突出阳刚之美（见图2-26、图2-27）。

▲ 图2-26　女装公主分割线造型　　　　　　▲ 图2-27　男装分割线造型

③ 褶裥。褶裥是将布料折叠缝制成多种形态的线条状，外观富于立体感，给人以自然、飘逸的印象。褶裥的设计不仅增加服装的放松度，适应人体活动的需要，而且增加服装的装饰感，起到美化人体的作用。褶裥可以用于不同种类、不同年龄层次的服装上（见图2-28、图2-29）。

▲ 图2-28　褶裥造型（一）　　　　　　　▲ 图2-29　褶裥造型（二）

3.服装款式造型中的局部

（1）定义　服装款式造型中的局部是指具体的服装部位设计。

（2）分类　上装的局部包括：领型、袖型、肩型、门襟、胸型、背型。下装包括：腰型、裤型与裙型。

① 领型。领子处于服装的上部，是人的视觉中心。领子与人的面部最近，对于人的脸型具有修饰作用，同时具有平衡和协调整体形象的作用。根据领的结构特征，可以分为领线、立领、翻领和翻驳领四种基本类型。

领线具有简洁、大方的特点，有利于展示颈部的美感，不同的领线形态可以弥补脸形的缺点。比如国字脸形可以搭配圆领线、V字领线，不宜采用方形领线、一字领线（见图2-30、图2-31）。

▲　图2-30　方形领线

▲　图2-31　V字领线

立领是一种领面围绕颈部的领型。该领型造型别致，给人以严谨、端庄、典雅的东方情趣。常用于中国传统的中式服装、旗袍。

翻领是领面向外翻折的领型。翻领的形式多样，变化丰富。既可分为无座翻领和连座翻领，又可以按领面大小分为小翻领和大翻领（见图2-32、图2-33）。

按领部形态又可分为平驳领、枪驳领、青果领等。

翻驳领又称西服领，是领面与驳头一起向外翻折的领型。翻驳领线条明快、流畅、挺括，在视觉上常起到阔胸、阔肩的作用，给人以大方、庄重的感觉（见图2-34、图2-35）。

② 袖型。袖型的变化元素包括：袖肩、袖长、袖身等元素。按袖肩的结构可以分为装袖、插肩袖、连身袖；按袖子的长度可以分为无袖、短袖、半袖、七分袖、长袖；按袖身造型可以分为紧身袖、喇叭袖、灯笼袖、羊腿袖等。袖型变化不但对衣身造型效果起到影响，而且对人体的上肢起到美化与修饰的功能（见图2-36、图2-37）。

▲ 图2-32 翻领（一）

▲ 图2-33 翻领（二）

▲ 图2-34 枪驳领

▲ 图2-35 平驳领

▲ 图2-36 袖长的变化

▲ 图2-37 袖型的变化（喇叭袖、羊腿袖、紧身袖、蝙蝠袖）

③ 肩型。上装肩部的造型是美化和修饰人体肩部的重要部位。肩型可以分为自然肩型、平宽一字肩型、落肩型和狭肩型四种风格。

自然肩型是一种忠实于人体肩部原有特征的造型风格，既不夸大也不缩减肩部的轮廓，显示自然、轻松的特点（见图2-38）。

平宽一字肩型是运用放宽肩部尺寸，使用垫肩等工艺处理方法，使肩部呈现夸张平宽的效果，常用于职业装、男装，也可表现女装的男性化风格（见图2-39）。

▲ 图2-38 自然肩型

▲ 图2-39 平宽一字肩型

落肩造型是将袖肩缝合处下移，在袖肩部位形成宽大、舒适、随意的效果，因此常用于休闲服装和家居服装（见图2-40）。

狭肩造型多用于女装，它的特点与落肩造型相反，它是故意缩减人体肩部的实际尺寸，配以泡泡袖，呈现精致、可爱与古典的风格（见图2-41）。

▲ 图2-40　落肩造型　　　　▲ 图2-41　狭肩造型

④ 门襟。门襟即上衣前中部位的开口，又称为服装的门户，它不仅决定上衣的穿脱方式，而且又是上装的重要装饰部位。门襟按其形态与结构可以分为：单排扣或双排扣形式的叠门襟，左右衣片对合的对襟，门襟偏向一方的偏襟，前中部位有意造成空缺的开襟，中式服装特有的大襟。门襟的形态和位置的选择与上装形成一定的比例关系，既可以采用左右对称的形式，也可以采用不对称式，体现均衡美。

⑤ 胸型。胸部造型可以分为适中型、加强型和减弱型。

适中型又称自然型，是按照人体实际情况进行自然的胸部造型，既不加强，也不减弱。这种胸部造型自然得体，适于活动，适应面广。加强型又称聚胸型，服装胸部造型在人体实际情况的基础上进行人为的加强处理，以此强调胸部的高度感和饱满感，加强型胸型常用于女装，突出胸部的曲线美感。减弱型又称散胸型，这种造型加大胸部的松量，造成宽松的效果，达到舒适和随意的穿着效果（见图2-42～图2-44）。

⑥ 背型。背部造型是除胸型以外，能显示性别差异与人体特征的重要造型部位，可以分为普通背型与装饰背型。普通背型是不加修饰的背型设计。装饰背型则是通过分割、省道、镂空等多种装饰手段突出人体背部美的局部造型。

⑦ 腰型。腰型造型包括两个方面，对于上装来讲主要涉及腰部的松度，可以分为宽腰型、适中腰型与紧身腰型，用于不同种类的服装，比如休闲服装一般采用宽腰型，职业装则更加适合适中腰型。上装中如果腰节部位有分割，则腰位可以有三种选择：高腰、中腰与低腰，腰位高低呈现不同的人体比例。下装腰部造型包括高腰、中腰与低腰三种造型（见图2-45～图2-47）。

⑧ 裤型。裤装由于具备方便、舒适、适应现代生活方式的特点已经成为人们生活中重要的服装种类，同时裤型又是人体下肢部位的重要服装造型。裤装的造型由腰型、臀型、立裆、中裆、裤长、裤身来决定。近几年非常流行的裤型包括烟管裤、热裤、百慕大短裤、阔

▲ 图2-42 聚胸型

▲ 图2-43 自然胸型

▲ 图2-44 散胸型

▲ 图2-45 高腰

▲ 图2-46 中腰

▲ 图2-47 低腰

脚裤、七分裤等。

　　烟管裤是指有着纤细、贴身的裤管的裤子，也有窄管裤之称。烟管裤介于直筒裤跟靴型裤之间，烟管裤让臀围紧贴、双腿曲线纤细拉长。剪裁超低腰，臀腿间的塑形，让臀部紧贴、腿线纤长（见图2-48～图2-50）。

热裤是一种长及大腿根、极短而贴身的裤型，是国际时装T台上最热的裤型之一。作为时装，热裤最能令人身材曲线玲珑浮凸。热裤款式大体可分为两种：一种犹如安全裤外穿版，长度约卡于臀腿的交界点，合身低腰；另一种则像超短裤的翻版，并带有卷边（见图2-51）。

▲ 图2-48 烟管裤（一）　　▲ 图2-49 烟管裤（二）　　▲ 图2-50 烟管裤（三）

▲ 图2-51 热裤

　　百慕大短裤是一种长至膝上两三厘米的短裤，款式一般比较随便，最初为百慕大岛的男士配半筒袜穿，所以得此名，可以分为窄版与宽松两种廓形。材质可以有多种选择（见图2-52、图2-53）。

▲　图2-52　百慕大短裤（一）　　　　　▲　图2-53　百慕大短裤（二）

　　七分裤和九分裤既不像全长裤那么死板，又不像短裤那样过于活跃，既符合了年轻女孩的特点：青春、活泼、可人，又可以让40多岁的女性穿着更显时尚、活力，讨好了所有年龄段女人的惯有挑剔（见图2-54～图2-56）。

▲　图2-54　七分裤　　　　　▲　图2-55　九分裤（一）　　　　　▲　图2-56　九分裤（二）

阔脚裤外形特征具有短立裆、低腰节的特点，宽阔的裤身设计增加了两腿的修长与挺拔，加上紧包臀部的设计，整体呈现出惊人的合身和时髦感（见图2-57）。

哈伦裤有着伊斯兰风格特有的宽松感和悬垂感。臀部款型设计宽松，形成堆积的褶皱，裤腿收紧，长度一般为七分或九分束口。哈伦裤有着区别于其他裤型的文化背景和风格特征，近几年经过时尚品牌设计师的妙手，哈伦裤的样式类别多种多样，但最受欢迎的莫过于帅气的窄脚哈伦裤（见图2-58）。

▲　图2-57　阔脚裤　　　　　▲　图2-58　哈伦裤

结合自身体型特点，恰当地选择这些裤型都可以打造出属于自己的时尚外形。

⑨ 裙型。裙装是现代生活中女性特有的一种服装种类，也是最能突出女性魅力的服装，一年四季体现出不同的韵味。裙装的外形风格由裙长与裙身决定。从长度上可以分为超短裙、短裙、中长裙、长裙、曳地长裙等几种。不同的长度适合不同的年龄层次与场合，如超短裙、短裙适合少女穿着，显示青春、阳光与时尚；长裙、曳地长裙则具有典雅、庄重的外观，因此适合出席隆重的场合穿着。裙身可以分为直身造型、喇叭造型、蚕茧造型、塔身造型、鱼尾造型、郁金香造型等，每一种裙型都可以塑造出不同的外观风格。

第二节　人体基本结构与外形特征

"一个人的着装打扮，就是如何把自己呈现给世界的一种方式。尤其是在这个信息交换如此之快的时代，服装是一种快速表达的语言。"PRADA品牌首席设计师缪西娅·普拉达这样描述服装的魅力所在。如何准确地用服饰语言表达自己，除了具备高品位的服装鉴赏力，还需要了解自身的特定条件，根据自身的体貌特征、性格气质做到服饰选择的扬长避短，达到得体、和谐的穿衣境界。

一　人体的基本结构

1. 人体的基本构造

人体由206块骨头组成骨骼结构，骨骼外面附着有600多条肌肉，肌肉外面包着一层皮肤。从解剖学的角度看，人体是由头部、躯干部、上肢部和下肢部四大体部构成。从造型上看，人体是由三个相对固定的腔体（头腔、胸腔、腹腔）、一条弯曲的有一定运动范围的脊柱和四条运动灵活的肢体所组成。

2. 体型的三要素

体型是指人体外表的类型。骨骼、肌肉和皮肤是决定体型的三要素。骨骼是构成体型的基础，骨骼上附着肌肉，肌肉上覆盖着皮肤，皮肤与肌肉之间沉积着脂肪（又称皮下脂肪）。骨骼决定人的高矮，肌肉和皮肤左右着人的胖瘦。结合以上因素，虽然人体的基本构成相同，但构成的形体却千差万别，不可能找出体型完全一致的两个人。

除了构成体型的三大要素，皮下脂肪的分布与厚度与体型关系也尤为密切，因为皮下脂肪并非全身各处都一样厚，如眼睑、关节、锁骨等部位就几乎没有脂肪层。与此相反，在臀部、大腿部、腰部、腹部、上手臂等部位都沉积着很厚的脂肪层，这种现象叫做皮下脂肪的选择性沉积。这种选择性沉积现象除上述部位外还因人而异，有较大的个人差异，如有的人脂肪集中在上半身，有的人则沉积在肢体上，这样就形成了各种各样的体型。

二　体型分类与特征

1. 成年男性与女性标准体型特点

成年男性骨骼粗壮突出，颈部较粗，喉结明显隆起。肩部平宽浑厚，胸廓较长，胸肌健壮，腹部扁平。脊柱曲度小，腰节低，凹陷稍浅。骨盆高而窄，臀肌发达，皮下脂肪少。整个躯干扁平，外轮廓呈倒梯形。当然，男性体表结构也会因其年龄、人种、胖瘦等方面的不同产生差异。我国标准成年男性身高为1.70米，头长与身长之比约为1：7.5。

成年女性骨骼纤小，体型圆润平滑。颈部细长，肩部较窄且向下倾斜，胸廓较狭、短小。乳房丰腴隆起，腹部圆浑，脊柱曲度大，腰节高，凹陷较深。骨盆较低，臀部丰满宽大，由于胸、腰、臀的围度差异大，整体外形富于曲线变化，呈X形。女性形体也会因为年龄、人种等因素而不同。我国标准成年女性身高为1.58米，头长与身长之比约为1：7.3。

2. 体型分类的参数与依据

（1）人体比例　不论男女，拥有理想的标准体型首要的参数即是身体的各部位都呈现和谐的比例，即使不具备模特的身高与三围，只要符合和谐的人体比例关系，在服饰形象搭配上就占据了优势。

以人的头长为单位来衡量身高，标准体型为 7.5 ~ 8 个头长。具体的划分是：第一头长到下颌底线；第二头长位于乳高点；第三头长位于腰节线；第四头长位于臀围线；第五头长位于大腿中部；第六头长位于膝关节处；第七头长位于小腿中部；第八头长位于脚跟部。其中脖子长度位于第二头长由上往下 1/3 处；肘部与腰线平齐；手伸长位于大腿中部。

女性人体宽度方向为：肩宽为头部宽度的 3 倍，也可以是 1.5 个头长，腰宽为 1 个头长，臀宽为 1.5 个头长，与肩宽相同。颈围：在颈的中部最细处，颈围与小腿围相等；上臂围：在肩关节与肘关节之间的中部，上臂围等于大腿围的一半；胸围：胸围由腋下沿胸部的最丰满处，应为身高的一半；腰围：在正常情况下，腰的最细部位，腰围较胸围小 20 厘米；髋围：在体前耻骨平行于臀部最大部位，髋围较胸围大 4 厘米；大腿围：在大腿最上部位的臀折线下，大腿围较腰围小 10 厘米；小腿围：在小腿最丰满处，小腿围较大腿围小 20 厘米；足颈围：在足颈的最细部位，足颈围较小腿围小 10 厘米。

男性人体宽度方向为：肩宽为 2 ~ 2.5 个头长，腰宽为 1 个头长，臀宽为 1.5 个头长。

人体各个比例关系比较靠近标准比例、总体看上去较匀称的体型都可以称为比例协调型，而如果人体某局部与标准体型比例相差太远以致比例失调，就是比例不协调型体型（如图 2-59、图 2-60）。

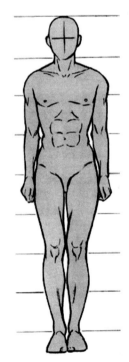

▲　图2-59　女性标准人体比例　　　▲　图2-60　男性标准人体比例

（2）人体体重 体重是反映和衡量一个人健康状况的重要标志之一。过胖和过瘦都既不利于健康，也不会给人以形象美感。不同体型的大量统计资料表明，反映正常体重较理想和简单的指标，可用身高与体重的关系来表示。

一般认为，女性的标准体重是：身高（厘米）－105 = 标准体重（千克）。

例如，一个身高160厘米的女子，她的标准体重应该是：160（厘米）－105 = 55（千克）。凡是超过标准体重10%者为偏重，超过标准体重20%以上者为肥胖，低于10%者为偏瘦，低于20%者为消瘦。

一般认为，男性的标准体重是：身高（厘米）－100 = 标准体重（千克）。

例如，一个身高170厘米的男子，他的标准体重应该是：170（厘米）－100 = 70（千克）。凡是超过标准体重10%者为偏重，超过20%以上者为肥胖，低于10%者为偏瘦，低于20%者为消瘦。

（3）人体的围度 根据人体的胸围与腰围的差数大小也可以成为体型分类的参数与依据。GB/T 1335根据胸围与腰围的差数值将人体体型分为四类，代号分别为Y、A、B、C。"Y"体型指人的体型比较瘦，"A"体型指人的体型比较标准，"B"体型指人的体型偏胖，"C"体型指人的体型是胖型。

男子胸围与腰围的差数分别为"Y"体型22 ～ 17厘米，"A"体型16 ～ 12厘米，"B"体型11 ～ 7厘米，"C"体型6 ～ 2厘米。女子胸围与腰围的差数分别为"Y"体型24 ～ 19厘米，"A"体型18 ～ 14厘米，"B"体型13 ～ 9厘米，"C"体型8 ～ 4厘米。

3. 不同体型的特征

（1）女性体型分类 见图2-61。

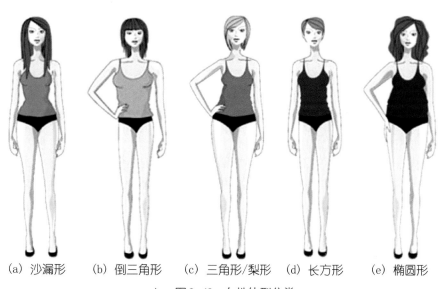

(a) 沙漏形　　　(b) 倒三角形　　　(c) 三角形/梨形　　　(d) 长方形　　　(e) 椭圆形

▲ 图2-61 女性体型分类

① 沙漏形体型，又叫匀称体型。匀称是指身体各部分的长短、粗细合乎一定的比例，加之丰满的胸部、纤细的腰肢、宽厚的臀部，胸臀宽度基本相等，以此勾勒出优美的人体曲

线。对女性来说，这是一种理想的、标准的体型。

② 倒三角形体型。倒三角形体型对于女性来说，是一个略显男性化的体型。其特点是上半身比较粗壮，肩部平宽、胸部大，腰臀部与腿部则相形见瘦。

③ 三角形/梨形体型。这种体型的特点呈现出胸部平坦，肩部狭窄，腰部较细，但腹部突出，臀部过于丰满，大腿粗壮，下身重量相对集中，整体上呈现上小下大的特征。这种体型如果要发胖，大部分脂肪将集中于臀部和大腿。

④ 长方形体型。这种体型特征是上下一般粗，腰身线条起伏不明显，整体上缺少"三围"的曲线变化。人体呈现两个极端，或者从上至下都瘦，或者从上至下都胖。

⑤ 椭圆形体型。又称苹果型身材，其特征是四肢纤细，但腰腹部肥胖。

除上述几种比较典型的体型之外，还包括：胖矮型，身体的围度与人体的高度严重比例失调，是比较难修饰的一种体型。腰长腿短型，表现为人体的上半部较下半部比例失调。躯干扁平型，指胸部和臀部较小而扁平的体型。四肢粗壮型，即胳膊或腿部粗壮型。

（2）男性体型分类　见图2-62。

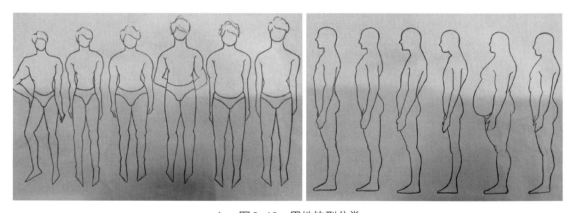

▲ 图2-62　男性体型分类

① "V形"体型，肩部大于臀部类型，这是一种非常标准与理想的男性体型。表现为肩部平宽，胸肌发达，臀部窄小。

② "直尺形"体型，肩部与臀部相当类型，属于瘦高体型。

③ "西洋梨形"体型，肩部小于臀部类型，属于矮胖体型。

④ "水桶形"体型，肥胖体型。体重与身高的配比不协调，体重的配比超过身高的基数。

⑤ "苹果形"体型，凸肚体型。这种体型在男士中越来越普遍，凸肚体型的男士，被认为是"将军肚"，有一定的气魄，但大腹便便使之在服饰的搭配与选择上要特别注意。

⑥ "豆芽形"体型，矮瘦平臀型。

除上述几种比较典型的体型之外，男性体型还包括腿短且丰臀型、脸大且脖短粗型、肩宽斜且手臂粗型、臀突且圆背型等类型。

第三节　体型与服装款型的搭配技巧

服装的款型，包括服装外轮廓、内轮廓、局部造型，都会对体型产生影响，起到修饰和美化各类体型的作用。在选择服装时，首先需要判断出自己的体型种类与特征。包括身体各部位的比例，身材的高度与围度等。一旦明确了自己的体型类别，就可以选择不同的服装款型进行搭配。魔鬼身材虽然完美，但具有"魔鬼身材"的人毕竟不多，服装与体型的配套目的，就是通过服装的外形来修正体型，塑造美观的个人服饰形象。

一　体型与服装款型配套的技法

1. 修整弥补法

修整弥补法是运用服装款型修饰人体，塑造完美服饰形象的最为常用的一种方法。它是在了解穿着者的体型特征后，巧妙地应用服装外轮廓形、内轮廓形与服装局部造型，将人体不理想的部位进行修正弥补，然后利用视错觉效应，达到美化与提升整体形象。如女性的胖矮体型，可以选择带公主线的或竖线分割的服装，这样会显得较为苗条、秀气。如果是腿粗且有"O"形腿，则不宜穿紧身裤，可采用微型喇叭裤或长裙来修饰。如果男士有个突出的臀部和圆背，需要背部带有中心开衩的服装弥补或利用柔软的外套盖住臀部，看上去背部到臀部平顺些。

2. 淡化转移法

淡化转移法是将人体某些不理想的部位进行淡化，然后运用其他的装饰手段将视觉中心转移，进而达到美化形象的效果。如女性的胖矮体型在服装款式选择上，可以多穿一些将修饰重点放在颈部、头部等腰线以上部位的合体套装，把视觉点往上提高，增加视觉上的修长感。

3. 烘托美化法

烘托美化法是指在进行服饰选择与搭配时尽量展示身体的优美部位，应用服装外轮廓形、内轮廓形与服装局部造型将这个部位打造成为视觉审美中心。比如拥有纤纤腰肢的女性可以通过腰带、腰部分割突出腰肢的魅力。肩部平宽的男性可以选择肩部有装饰的服装更加打造出阳刚之气。但是应用这个方法的前提条件是一定要了解自己体型中最具优势的部位，否则会弄巧成拙。

二、体型与款型搭配的具体应用

1. 女性体型与款型搭配的具体应用

（1）沙漏形体型　沙漏形体型匀称、标准，曲线优美，无论穿哪种款、色的服饰都恰到好处。经典的公主裙或胸衣礼服非常适合沙漏形体型。古典的裙装凸显了胸线和腰线设计，与沙漏形体型可以说是珠联璧合。带褶皱的上衣配简单的下装或笔挺修身的外套加简单的下装都是不错的搭配。在下装的选择上阔腿裤、靴裤、牛仔裤都会让臀部线条更加圆滑性感，如果要搭配半宽松的上衣才会让比例更协调（见图2-63）。

▲　图2-63　沙漏形体型的服饰搭配

（2）倒三角形体型　此种体型肩部比较宽，细臀、腰部曲线也不明显，选择服装时应该注意不要让肩部显得过于宽。紧身的O形轮廓、H形轮廓可弱化肩宽，让身材比例谐调，整体更显纤细；A形轮廓可拉长下半身比例，让整体更显修长。选择服饰时上衣最好用暗灰色调或冷色调款式简洁、合体的样式，使上身在视觉上显得小些，利用饰物色彩强调来表现腰、臀和腿，避免别人的注意力集中到上部。上衣避免选择艳色、暖色或亮色款式花哨、繁琐肩部宽的样式，也不宜选择前胸部有贴袋之类的装饰。哈伦裤和多折褶的裙子可以增加下身的分量（见图2-64）。

（3）三角形/梨形体型　此种身材需要修饰的是令人烦恼的偏胖臀部，所以应选择可以巧妙掩盖臀部的轮廓造型。宽松的O字形轮廓比较适合，不仅可以掩盖较粗的部位，高腰线的设计还可以完美身形比例；X形轮廓可以夸张肩部，令身体平衡；高腰设计的A字形轮廓不仅可以突出腰部线条，还可巧妙掩盖宽臀，令身材更完美。另外上装可采用较强烈的细节装饰或色彩，将人们的视线引向腰以上的部位。下装宜用较暗、单一色调（如深蓝裙子），合体的长裙或长裤，就能达到收缩臀部而扩大胸部的视错效果，再加上领线处可挂大饰物以转移视线，就会显得体型优美丰满（见图2-65、图2-66）。

▲ 图2-64 倒三角形体型的服饰搭配

▲ 图2-65 三角形/梨形体型服饰搭配（一）

▲ 图2-66 三角形/梨形体型服饰搭配（二）

（4）长方形体型　长方形体型的肩部、腰部和臀部几乎在一条直线上，胸、腰、臀没有形成对比，所以体态线条生硬，需要通过服饰选择与搭配显露出身体曲线。上衣的选择最好长及臀部，在腰部加上腰带装饰，营造出腰部曲线。高腰节和喇叭形长裤是适合长方形体型的理想选择，因为这样的造型可以使腰部显得纤细，臀部显得丰满。裙子可以选用多褶的太阳裙和蓬蓬裙，以增减上半身与下半身的对比（见图2-67、图2-68）。

▲　图2-67　长方形体型服饰搭配（一）　　　▲　图2-68　长方形体型服饰搭配（二）

（5）矮瘦型　宜选素色、无花纹的高腰A字形或X形外轮廓的服装，适合穿同色套装、连衣裙、风衣等且配以中高跟鞋，裤子通常应选直筒裤为佳，这样可形成较高的视觉感。不宜穿着上下相等的分色衣服，这样会造成视觉上的矮小感。若上下需分色穿着时，最好上浅下深搭配穿着，再在头或肩颈部搭配一小型饰物，从而将他人的视觉焦点引向身体上方。

（6）胖高、健壮型　在体型的修饰上主要是通过服饰的搭配使其能显得瘦一些。可以选择带公主线的衣服，这样会显得较为苗条、秀气。服装款式上适合穿合体套装大衣、长大衣、腰部线条不明显的连身装；腰带的颜色与上装或下装的衣服相一致，鞋子应配低跟鞋。同时，要避免穿着短上衣、粗腰带及系太粗的腰扣（见图2-69、图2-70）。

（7）胖矮型　胖矮型体型是比较难修饰的一种体型，在服饰搭配上主要是利用服饰来掩盖此类体型胖和矮的缺陷。在服装款式选择上，可以多穿一些将修饰重点放在颈部、头部等腰线以上部位的合体套装，把视觉点往上提高，增加视觉上的修长感。但需注意，胖矮体型的颈部一般都可能既胖又短，所以尽量不要选择高领或颈部带有繁琐配饰的服装。适宜选择不遮挡颈部的领型如无领、翻领等服装配以项链穿着。A形轮廓、宽松或过紧的服装也是此类体型不宜选择的，这样会凸显此体型胖矮的缺点。

▲ 图2-69 胖高、健壮型服饰搭配（一）　　▲ 图2-70 胖高、健壮型服饰搭配（二）

（8）腰长腿短型　该类体型比例失调较为严重，服饰搭配主要是弥补体型的比例缺陷，从体型整体比例调整入手。可选择高腰节的长款上装或腰线以上分割的裙装以缩短腰长，使下半身的长度增加，短上衣配修身的直筒裤或短上衣配长及脚踝的筒裙、喇叭裙都比较适合此类体型（见图2-71）。

▲ 图2-71 腰长腿短型服饰搭配

（9）四肢粗壮型　胳膊或腿部粗壮是女性穿着遇到的又一难题，在日常生活中，完全可以利用服装的巧妙搭配来修饰这一天然不足。对于胳膊较粗的情况，可以选择合体的长袖款上衣，避免穿无袖或短袖服装。对于腿粗体型来说，应避免穿紧身的裤子和露腿的裙装，并加强上身的分量，以求上下匀称。若仅是大腿较粗，可穿至膝部的裙装，若是大小腿都略粗，可选择合体直筒长裤或长裙，避免穿短上衣、短裤、紧身裤，以免加重下身的分量，暴露腿部不足。如果是腿粗且有"O"形腿，则不宜穿紧身裤，可采用微型喇叭裤或长裙来修饰（见图2-72）。

（10）前凸后蹶型　胸大、臀大体型，为了使视觉上达到上下身的均衡，避免上大下小，适合穿小翻领、V领服装或长上衣，泡泡袖、胸前大口袋、图案的服饰应予以避免，也不应穿大翻领的双扣上衣和至腰部、过短的上衣，否则会使人显得较胖。臀部较大体型，穿裙装比穿裤装更能隐藏缺点，因此宜穿过膝的长裙，取得与上身的平衡，将曲线调和，不宜穿束腰的上衣短裙和臀部有后立体袋的裤子或裙子。若此类体型又加上腹部突出，则应选择直线型设计、下摆稍大、款式简单大方的上衣外套隐藏腹部，或穿提高腰节的A字裙，来掩饰腹部和臀部的不足，应尽量避免紧身的裙装或裤装与短上装搭配的穿着（见图2-73）。

（11）扁平型　对于胸部较小的体型，可选择穿着胸颈部有装饰或配饰的服装，以加强上身尤其是胸部的视觉分量，如选择在胸部有蝴蝶结、衣褶、波浪花边等装饰的服装，或者

▲ 图2-73　前凸后蹶型服饰搭配

配以胸花、围巾、披肩等加以修饰，或是选择娃娃衫等较宽松的服装款式。另外该类体型还应从侧面曲线上着手修饰，可利用下摆较大的裙装如蓬裙、百褶裙以形成臀部突出的效果，或穿着宽松以显丰满，应尽量避免单穿紧身衣裤以凸显扁平的缺点。偏瘦的扁平体型还可选择多层服装搭配穿着，既修饰了自身"平"的缺陷，又体现了服装搭配的层次美且不显臃肿（图2-74）。

▲　图2-74　扁平型服饰搭配

2. 男性体型与款型搭配的具体应用

（1）肥胖体型　这种体型的男士在整体上给人敦实之感，为了看上去苗条，可以选择带有垂直线条的款式，使视觉上有延伸和狭窄感。款式上避免出现与肩部相对应的横线以及腰部宽松的式样。采用平整的肩部式样，V形领和竖式领的配饰安排，能使肥胖的感觉减轻一些。

（2）矮小体型　这种体型的男士宜选用色彩清淡些或中灰明度的服装，会使身材显得匀称丰满些。款式选择上也不宜有太多的装饰。尤其值得注意的是发型的样式，不太适宜戴帽子，否则会有压迫感。皮鞋的色度也不宜过亮。

（3）腿短而弯曲　弯曲腿型的男士要注意裤装与上衣的搭配关系。下装在颜色上应该淡一些。整体着装上不宜朝深色调发展。在款式上，上装的变化宜多些，视线可集中在上部，例如加适量的配饰，领带与腰带的应用等。

（4）凸肚体型　凸肚体型的男士，在选择外套的时候，面料多一些纹样，并且面料的质地和做工要精细。选择细些的皮带，下装要尽量合体，皮鞋宜穿黑色，以增加下部的重量感。

（5）矮瘦平臀型　这种体型的男士在服装上不宜太紧身，应在着装上有一定的宽松度。同时，切忌有肥大的裤裆。

（6）腰短丰臀型　这种体型的男士应注意扣紧领部，增加延伸感。最好选择竖条纹或细长格状上衣，可以转移别人的视线。同时，鞋也应该选择淡色的。

（7）脸大且脖子短粗型　这种体型的男士穿衣需要尤其注意服装的领型变化，选择V字领型或简洁的衬衣领或西服领，拉长脖颈的长度。

（8）肩宽斜且手臂短型　如果男士的肩部相对臀部太宽斜，就需要增加腰部的宽度，例如选择带盖的口袋来增加宽度，避免选择宽翻领或船形领。肩部狭窄或肩斜度过大，可以利用加用垫肩的服装。如果手臂粗短，可使袖口长度比原来长些，并减小袖口翻折的宽度。臂上尽量不要有装饰物，会在视觉上显得长些。

课外学苑　文胸密码

文胸是女性内衣中一个非常重要的品种，正确选择文胸，对女性的健康与美丽至关重要。

一、罩杯尺寸

罩杯是文胸的主要组成部分。文胸罩杯分为：A、B、C、D、E、F、G 七种杯型，其中 A 罩杯最小，G 罩杯最大。罩杯选择的依据是通过上胸围（即通过乳房的最高点水平测量一周）与下胸围（即通过乳房的最低点水平测量一周）之间的差进行选定。如果：上胸围－下胸围 ≈ 10 厘米，应穿着 A 罩杯；上胸围－下胸围 ≈ 12.5 厘米，应穿着 B 罩杯；上胸围－下胸围 ≈ 15 厘米，应穿着 C 罩杯；上胸围－下胸围 ≈ 17.5 厘米，应穿着 D 罩杯；上胸围－下胸围 ≈ 20 厘米，应穿着 E 罩杯。

二、文胸尺寸

文胸尺寸是指文胸的围度，这个围度对应的人体尺寸就是下胸围。围度可以分为：70 厘米、75 厘米、80 厘米、85 厘米、90 厘米，对应英寸单位分别是 32、34、36、38、40。

在选择文胸时，要综合考虑文胸尺寸和罩杯尺寸。比如：一位女士的下胸围是 76 厘米，上胸围与下胸围的差是 12 厘米，那么她应该选择 75 厘米 B 罩杯的文胸。

三、罩杯类型

（1）无缝罩杯　以丝棉或泡棉一体成型的胸罩，用以配合针织或 T 恤、贴身服饰；无缝胸罩下缘垫上衬垫，厚度由下往上递减，就是所谓的下厚上薄内衣，可有效且迅速将乳房上托提升。

（2）半罩（1/2 罩杯）　上罩杯面积较低，只有下罩杯完整地支撑乳房，所以较适合娇小胸部之女性穿着，能使小胸部之胸型更加丰满。1/2 罩杯有深浅里衬垫设计，可依照胸部的容量、形态及对丰满胸部的期待，选择厚薄、形状搭配应用。1/2 罩杯通常都采用活动式肩带，仅以钢丝加强胁部支撑，可满足爱美女性搭配露肩礼服或是露背的服饰。

（3）3/4 罩杯　能使乳房脂肪向中心点推移、集中的罩杯，能缩小乳间距离，对于外开型胸部具有补整的效果，并可以展现乳沟之魅力。

（4）全罩杯　无钢丝全罩：讲究自然运动、休闲与睡眠，并以补整脂肪扩散的胸部为主要目的，容量深，可使胸部集中，强调自然、轻松无压力，享受自由自在的世界。有钢丝全罩：罩杯下缘有钢丝，弧度宽广，使罩杯容积大，可固定胸型、提高胸线，胁部加高能固定两胁部流窜的脂肪，具有提升效果。水滴式全罩：适合丰满乳房及长线型乳房，有预防下垂与提升补整的效果。

思考与练习

1. 什么是服装的造型美？它由哪些要素构成？
2. 简述 H、A、V、X、S 外轮廓形的特点。
3. 请描述肩型、领型、背型、胸型、腰型、门襟、袖型各两种具体款式的表现特点。
4. 列举五种裤子的类型及特点。
5. 人体体型分类的参数与依据是什么？你属于什么体型？
6. 简述体型与款式配套的技法。
7. 结合自己的体型特征说说你适合的服装造型。

第三章　服饰搭配中的色彩配比与布局

学习目标

1. 理解色彩的理论基础知识。

2. 掌握色彩各种属性的特点。

3. 学会服饰色彩的搭配法则及流行色的把握与运用。

第一节　色彩的理论基础

一　色彩的理论基础

色彩可分为无彩色和有彩色两大类。有彩色就是具备光谱上的某种或某些色相，统称为彩调，如红、黄、蓝等七彩。与此相反，无彩色就没有彩调，如黑、白、灰。

有彩色表现很复杂，具有三个属性：其一是彩调，也就是色相；其二是明暗，也就是明度；其三是色强，也就是纯度、彩度。明度、彩度确定色彩的状态。

1. 色相

色相即色彩的相貌，是色彩的主要特征。有彩色就是包含了彩调，即红、黄、蓝等几个色族，这些色族便叫色相。最初的基本色相为：红、橙、黄、绿、蓝、紫。在各色中间加插一两个中间色，其头尾色相，按光谱顺序为：红、橙红、黄橙、黄、黄绿、绿、绿蓝、蓝绿、蓝、蓝紫、紫、红紫。红和紫中再加个中间色，可制出十二基本色相（见图3-1）。

2. 彩度

彩度即颜色的饱和度或纯度，它代表着自身的纯净程度。一种色相彩调，也有强弱之分。彩度常用高低来描述，彩度越高，色越纯，越艳；彩度越低，色越涩，越浊。

3. 明度

明度即色彩的明暗深浅程度，亦称亮度，它可用高、中、低来表示。当一个高纯度的色相加白或黑，可以提高或减弱其明度，同时会降低它的纯度。每一种色彩都有三个属性，即色相、纯度、明度，这三属性相互依存、相互制约（见图3-2）。

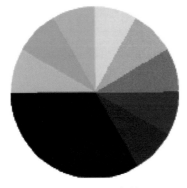

▲ 图3-1　色轮

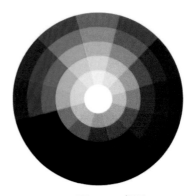

▲ 图3-2　色环

二　色彩的感情密码

1. 色彩的冷、暖感

色彩本身并无冷暖的温度差别，是视觉色彩引起人们对冷暖感觉的心理联想。

暖色：人们见到红、红橙、橙、黄橙、红紫等色后，马上联想到太阳、火焰、热血等物像，产生温暖、热烈、危险等感觉。

冷色：见到蓝、蓝紫、蓝绿等色后，则很容易联想到太空、冰雪、海洋等物象，产生寒冷、理智、平静等感觉。

色彩的冷暖感觉，不仅表现在固定的色相上，而且在比较中还会显示其相对的倾向性。如同样表现天空的霞光，用玫红画早霞那种清新而偏冷的色彩，感觉很恰当，而描绘晚霞则需要暖感强的大红了。但如与橙色对比，前面两色又都加强了寒感倾向。

中性色：绿色和紫色是中性色。黄绿、蓝、蓝绿等色，使人联想到草、树等植物，产生青春、生命、和平等感觉。紫、蓝紫等色使人联想到花卉、水晶等稀贵物品，故易产生高贵、神秘的感觉。至于黄色，一般被认为是暖色，因为它使人联想起阳光、光明等，但也有人视它为中性色，当然，同属黄色相，柠檬黄显然偏冷，而中黄则感觉偏暖。

2. 色彩的轻、重感

这主要与色彩的明度有关。明度高的色彩使人联想到蓝天、白云、彩霞及许多花卉，还有棉花、羊毛等，产生轻柔、飘浮、上升、敏捷、灵活等感觉。明度低的色彩易使人联想到钢铁、大理石等物品，产生沉重、稳定、降落等感觉。

3. 色彩的软、硬感

其感觉主要也来自色彩的明度，但与纯度亦有一定的关系。明度越高感觉越软，明度越低则感觉越硬，但白色反而软感略高。明度高、纯度低的色彩有软感，中纯度的色彩也呈柔感，因为它们易使人联想起骆驼、狐狸、猫、狗等好多动物的皮毛，还有毛呢、绒织物等。高纯度和低纯度的色彩都呈硬感，但如它们明度也低则硬感更明显。色相与色彩的软、硬感几乎无关。

4. 色彩的前、后感

由于不同波长的色彩在人眼视网膜上的成像有前后，红、橙等光波长的色在后面成像，感觉比较迫近，蓝、紫等光波长短的色则在外侧成像，在同样距离内感觉就比较后退。

实际上这是视错觉的一种现象，一般暖色、纯色、高明度色、强烈对比色、大面积色、集中色等有前进感觉，相反，冷色、浊色、低明度色、弱对比色、小面积色、分散色等有后退感觉。

5. 色彩的大、小感

由于色彩有前后的感觉，因而暖色、高明度色等有扩大、膨胀感，冷色、低明度色等有显小、收缩感。

色彩可以使物体看起来有大小之分，像红色、黄色、橙色这种暖色，可以使物体看起来比实际大，我们称之为膨胀色，像蓝色、蓝紫色这种冷色，可以使物体看起来比实际小，我们称之为收缩色。物体看上去的大小，不仅与其颜色有关，明度也是一个重要因素。明度高，物体看起来大；明度低，物体看起来小。

6. 色彩的华丽、质朴感

色彩的三要素对华丽及质朴感都有影响，其中纯度关系最大。明度高、纯度高的色彩，丰富、强对比的色彩感觉华丽、辉煌。明度低、纯度低的色彩，单纯、弱对比的色彩感觉质朴、古雅。但无论何种色彩，如果带上光泽，都能获得华丽的效果。

7. 色彩的活泼、庄重感

暖色、高纯度色、丰富多彩色、强对比色感觉跳跃、活泼有朝气，冷色、低纯度色、低明度色感觉庄重、严肃。

8. 色彩的兴奋与沉静感

其影响最明显的是色相，红、橙、黄等鲜艳而明亮的色彩给人以兴奋感，蓝、蓝绿、蓝紫等色使人感到沉着、平静。绿和紫为中性色，没有这种感觉。纯度的关系也很大，高纯度色给人兴奋感，低纯度色给人沉静感。

三、 色彩的象征及联想

1. 红色

红色的波长最长，穿透力强，感知度高。给人感觉活跃、兴奋、热情、积极、希望、忠诚、健康、充实、饱满、幸福等向上的倾向。它易使人联想起太阳、火焰、热血、花卉等，在服装领域红色适合休闲装，用来满足热情活动的特性。在中国，红色常被作为吉祥喜庆的结婚色彩。

红色色系包括粉红、玫红、桃红，它可以给人柔美、甜蜜、梦幻、愉快、幸福、温雅的感觉，几乎成为女性的专用色彩，深红及带紫味的红给人的感觉是高贵、庄严而又热情，常见于欢迎贵宾的场合（见图3-3）。

▲　图3-3　红色色系服装

2. 橙色

　　橙与红同属暖色，具有红与黄之间的色性，感觉富饶、充实、友爱、华丽、豪爽、辉煌、跃动、炽热、温情、甜蜜、愉快。它使人联想起火焰、灯光、霞光、水果等物象，是最温暖、最响亮的色彩，但也有疑惑、嫉妒、伪诈等消极倾向性表情。

　　在服装中，橙色因色阶较红色更亮，注目性高于红色，所以也被用为信号色、标志色和宣传色。橙色是服装中常用的甜美色彩，也是众多消费者，特别是妇女、儿童、青年喜爱的服装色彩（见图3-4）。

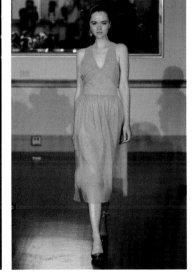

▲　图3-4　橙色色系服装

3. 黄色

黄色是所有色相中明度最高的色彩，给人以智慧、忠诚、希望、喜悦、轻快、光辉、透明、活泼、辉煌、功名、健康等印象。

黄色中的米黄色、浅黄色等是很好的休闲自然色，常用在休闲服饰中。深黄色却另有一种高贵、朴实、浑厚、实惠感（见图3-5）。

▲ 图3-5 黄色色系服装

4. 绿色

绿色光在可见光谱中波长居中，人眼对绿色光波的微差分辨能力最强，对绿色的反应最平静，绿光在各高纯度的色光中，是使眼睛最能得到休息的色光。

绿色有着深远、稳重、沉着、睿智、公平、自然、和平、幸福、理智、幼稚等含义。含灰的绿，如土绿、橄榄绿、墨绿等色彩，给人以成熟、老练、深沉的感觉，是人们广泛选用及军、警规定的服色（见图3-6）。

5. 蓝色

蓝色是典型的寒色，与红色、橙色相反。表示自信、沉静、冷淡、永恒、理智、高深、透明等含义，蓝色很容易使人联想到天空、海洋、湖泊、冰雪、严寒。

蓝色包括浅蓝、藏蓝、深蓝、天蓝等色彩。浅蓝色系服装热情、单纯、明朗而富有青春朝气，对前程充满希望，对人生富于幻想；深蓝色系沉着、冷静、稳定，为中年人普遍喜爱的色彩；藏青则给人以大度、庄重、沉默的印象。蓝色系也常被用于科技、电子行业的服饰中（见图3-7）。

▲　图3-6　绿色色系服装

▲　图3-7　蓝色色系服装

6. 紫色

在可见光谱中，紫色光的波长最短，因此，眼睛对紫色光的知觉度最低，易感到疲劳。纯度最高的紫色同时是明度最低的色。

紫色具有神秘、权威、尊敬、优雅、高贵、优美、庄重、奢华的气质，有时也感孤寂、消极。尤其是较暗或含深灰的紫，易给人以不祥、腐朽、死亡的印象。但含浅灰的红紫或蓝紫色，却有着深邃幽雅、神秘的时代感，为现代生活所广泛采用（见图3-8）。

▲ 图3-8 紫色色系服装

7. 黑色

从理论上讲，黑色为无色相无纯度之色。往往给人感觉沉静、神秘、寂寞、恐怖、消亡、罪恶等消极印象。它同时有重量、神秘、庄严、不可征服之感。

在服装搭配中，黑色的组合适应性极为广泛，任何色彩特别是鲜艳的纯色与其相配，都能取得赏心悦目的良好效果。用它去衬亮色，亮色显得更亮；用它去衬暗色，暗色显得更有层次；用它去衬艳色，艳色显得纯度更高；用它去衬复色，复色显得更沉着、成熟（见图3-9）。

▲ 图3-9 黑色色系服装

8. 白色

　　白色是由全部可见光混合而成，称为全色光，是阳光之色，是光明的象征色。白色给人印象为神圣、纯洁、无私、朴素、平安、诚实、卫生、恬静等。白色使人联想起冰雪、白云、痛苦的哀伤，感到寒凉、轻盈、单薄、爽快。

　　在服装搭配中，白色常用烘托色。在它的衬托下，其他色彩会显得更鲜丽、更明朗。白色洁净，一尘不染，它象征爱情的纯洁和坚贞。由于白色能给人洁净感，所以它被广泛应用在医疗、服务与食品行业的着装中（见图3-10）。

▲　图3-10　白色色系服装

9. 灰色

　　从光学上看，它居黑、白之间，属中明度无彩色或低彩色系。灰色是中性色，其突出的性格为柔和、细致、平稳、朴素、平淡、乏味、休息、抑制，它不像黑色与白色那样会明显影响其他的色彩。因此，作为背景色彩非常理想。

　　任何色彩都可以和灰色相混合，略有色相感的含灰色能给人以高雅、细腻、含蓄、稳重、精致、文明而有素养的高档感觉。当然滥用灰色也易暴露其乏味、寂寞、忧郁、无激情、无兴趣的一面（见图3-11）。

▲ 图3-11　灰色色系服装

10. 光泽色

　　光泽色是指质地坚实，表层平滑，反光能力很强的物体色。主要指金、银、铜、铬、铝、塑料、有机玻璃及彩色玻璃等材料的色泽。金色象征荣华富贵，名誉忠诚；银色雅致高贵，象征纯洁、信仰，比金色温和。

　　色彩一经与它们并置，立刻显得富丽堂皇，小面积点缀，具有醒目、提神作用，大面积使用，则会产生过于眩目、负面影响，显得浮华而失去稳重感。如若巧妙使用，装饰得当，不但能起到画龙点睛的作用，还可产生强烈的高科技现代美感（见图3-12）。

▲ 图3-12　具有光泽色的服装

第二节　服饰配色法则及视觉效果

不同色彩属性搭配

1. 色调的分类

色调不是指颜色的性质，而是对物品整体颜色的评价。在多种颜色搭配中总体会有一种倾向，是偏冷、偏暖或偏红、偏蓝，这种颜色倾向就是色调。

① 色调根据不同的色相属性分为不同的色调，如红色调、黄色调、绿色调等。

② 根据色彩冷暖属性的不同，可以分为暖色调和冷色调、中性色调。如红、黄、橙及相近的色彩为暖色调，给人以温暖的感觉；青、蓝色是冷色调，给人以寒冷的感觉，绿、紫色是中性色调。

③ 根据色彩的明暗程度，可分为浅色调 、中性色调和暗色调。如米白、粉黄为浅色调，土黄、大红等为中性色调，藏蓝、深红为暗色调。

④ 根据色彩的鲜艳程度，可分为鲜调与浊调，同样是蓝色，纯蓝色调与深蓝色调，给人感觉明显不同。

2. 色彩的配色原则

在整体服装搭配中，要整体考虑色调的几种配色方法，才能使色彩发挥最大的美感作用，见图3-13。

▲ 图3-13　服装整体搭配中的配色原则

① 在服装的整体搭配中，色彩切忌种类过多，一般3 ~ 5种最为合适。

② 在几种色彩搭配中，选择一种主色调、一种辅助色调和一两种辅助点缀色调即可。

③ 在整体服饰色彩搭配中，要选择一种主要的冷或暖色调作为全身的调子选择，几种色彩的冷暖要一致。

④ 在服饰色彩的层次上，也要注意选择合适的明暗色调。过于单一的明暗色调容易产生平面、单板的感觉，通过不同面积和层次的明暗对比，可以让服装产生丰富的变化空间。

二、色彩的配色方法

服装色彩是服装感观的第一印象，它有极强的吸引力，若想让其在着装上得到淋漓尽致的发挥，必须充分了解色彩的特性，学会色彩的配色方法。

1. 无色彩配色

所谓的无色彩配色指的就是黑色、灰色、白色三种色的配色，这种配色方法在日常生活中机会较少。因为缺少色彩的搭配所呈现的是较为呆板、死气的感觉。所以，无色彩的配色属于较弱的配色方法。

2. 无彩色配色

选择任何一个颜色与黑色、灰色、白色搭配称为无彩色配色。高纯度色彩配黑色，纯度色彩显得更纯，对比更明显，如红色配黑色有强烈的视觉导引效果（见图3-14）。

高明度色彩配白色，色彩显得更加干净、轻盈。

▲ 图3-14 无彩色配色的服装

3. 同种色服饰搭配

这是一种最简便、最基本的配色方法。同种色是指一系列的色相相同或相近，由明度变化而产生的浓淡深浅不同的色调。同种色搭配可以取得端庄、沉静、稳重的效果，适用于气质优雅的成熟女性（见图3-15）。但必须注意同种色搭配时，色与色之间的明度差异要适当，相差太小、太接近的色调容易相互混淆，缺乏层次感。同种色搭配时最好深、中、浅三个层次变化，少于三个层次的搭配显得比较单调，而层次过多易产生烦琐、散漫的效果。

▲ 图3-15 同种色服饰搭配

4. 相似色服饰搭配

所谓相似色系指色环大约在90°以内的邻近色。如红与橙黄、橙红与黄绿、黄绿与绿、绿与青紫等都是相似色。由于相似色拥有共同的颜色，色相不同而又倾向近似，色调容易控制，易于形成低对比度的和谐统一美感（图3-16）。

▲ 图3-16 相似色服饰搭配

5. 互补色服饰搭配

互补色指两个相对的颜色的配合，这种配色可采用各种对比色，但要确定一种起主导作用的主色。主色应与整套服饰及基调相一致，主色在整套服饰中应占大比例的面积或较重要的位置。辅色的选择也要符合服饰的整体基调，如红与绿，青与橙，黑与白等，补色相配能形成鲜明的对比，有时会收到较好的效果，黑白搭配是永远的经典（见图3-17）。

▲ 图3-17 互补色服饰搭配

第三节 流行色在服装中的应用

一 解码流行色的产生

1. 流行色定义

流行色（fashion colour）是人类社会文明的标志，它洋溢着美的旋律，是人类精神享受的重要组成部分。所谓流行色即"时髦色彩"，是反映人类社会生活中在一定的时期和区域范围内受到广泛爱好的色彩与格调。它是一段时期内一定社会的政治、经济、文化、环境和人们心理活动等因素的综合产物（见图3-18）。

▲　图3-18　流行色

2. 流行色的形成

　　1963年，由英国、奥地利、比利时、保加利亚、法国、匈牙利、波兰、罗马尼亚、瑞士、捷克斯洛伐克、荷兰、西班牙、联邦德国、日本等十多个国家联合成立了国际流行色委员会，总部设在法国巴黎。各成员国专家每年召开两次会议，讨论未来十八个月的春夏或秋冬流行色定案。协会从各成员国提案中讨论、表决、选定一致公认的三组色彩为这一季的流行色，分别为男装、女装和休闲装。然后，各国根据本国的情况采用、修订，发布本国的流行色。

　　中国的流行色是由中国流行色协会制定，他们通过观察国内外流行色的发展状况，取得大量的市场资料，然后对资料作分析和筛选而制定，在色彩定制中还加入了社会、文化、经济等因素。

3. 流行色的形成原因

　　流行色的形成是一个十分复杂的社会现象，是社会心理和时代潮流的产物，受到各种不同因素的制约。

　　流行色是客观存在于社会之中的，对流行色的预测原理，归纳起来有时代论、自然环境论、色彩视觉的生理和心理论和流行色的地区性和民族性四种不同的观点。

4. 流行色的周期

　　流行色从产生到发展，一般经过始发期、上升期、流行高潮期和逐渐消退期四个阶段，其中，流行高潮期称为黄金销售期。流行色以服装纺织品行业反映最敏感，流行周期最快，它的变化周期往往会随各国各地区经济发展、社会购买力的不同而改变。发达国家流行周期短，贫困落后地区流行周期长。

二、把握流行色的应用

流行色涉及的范围广泛，它包括服装、装饰、家具、汽车以及建筑等各个方面。在服装设计三大要素中，色彩要素以鲜明的个性、强烈的印象给人视觉以"先色夺人"的第一感受，集聚视觉冲击力。时装色彩最先闯入人们的眼帘，刺激视网膜而形成色彩的各种感觉，产生各种情感作用。同时，时装这个特殊的商品具有极强的"时间附加值"特点，从这一点上看，时装流行色的应用与研究是时装设计的灵魂，它往往决定时装设计的成败。

1. 确定主题色调

在服饰搭配时，要明确这个概念，在每季的流行色发布当中都不只是一个颜色、两个颜色，或者说是几个颜色，而应该是个色调板，它可能会涵盖几十个颜色，这几十个颜色当中也会根据它的这种实际的运用分成几种不同的类型。在流行色板中还会有一些辅助色，这些辅助色与主色调搭配时会起到协调烘托的作用。

2. 确定适合自我的色彩

抓住流行色，关键是要提高审美观。流行色的搭配是要考虑自己的风格、消费定位具体的情况而定。关键在于配饰得体，适合年龄、身份、季节及所处环境的风俗习惯，更主要是全身色调的一致性，取得和谐的整体效果。

有很多人对流行色的运用技巧掌握不够，只是盲目地追逐流行色。从书上看到什么是流行色就去选购相应色彩的服装，不管是衬衣、西装、皮包、饰品都选用流行色，结果一片花乱，实际上，在服饰搭配中只要抓住一种适合自己的主色调，再把它运用到简单的T恤、便装、饰品中，就可以很好地把握流行色的运用。同时在选择中等或者是比较高端产品的时候，如西服、大衣等应该选择比较优雅的流行色，并利用其他的颜色和谐搭配。

第四节　服饰色彩搭配的个性选择

一、服饰色彩的个性特点

服装给人的首要印象是色彩。人们常根据配色的优劣来决定对服装的取舍，来评价穿着者的文化艺术修养。所以服装配色的好坏，是影响衣着美的重要一环。服装色彩搭配得当，可使人显得端庄优雅、风姿绰约；搭配不当，则使人显得不伦不类、俗不可耐。

要巧妙地利用服装色彩神奇的魔力，得体地打扮自己，就要掌握服装配色的基本技巧。"色不在多，和谐则美"，正确的配色方法，应该是选择一两个系列的颜色，以此为主色调，占据服饰的大面积，其他少量的颜色为辅，作为对比，衬托或用来点缀装饰重点部位。

服饰色彩的个性选择

在日常生活中，经常看到有些女孩穿着的衣服虽然本身漂亮，但总给人一种不够健康漂亮的印象，这是因为服饰色彩选择不适合。正确选择服饰色彩才能扬长避短，穿出自我风采。

在服饰搭配中，要根据自己的肤色、气质、体型和性格等方面综合考虑。东方人的皮肤大都呈偏黄色，要把自己的肤色考虑到服饰的整体色彩搭配中去。

就大部分脸色偏黄的人来讲，绿色或灰色调的衣服，会使皮肤显得更黄，甚至会显出"病容"。

蓝色或浅蓝色的服装，能衬托出皮肤的洁白娇嫩。

紫色和黄色是对比色，穿上紫色的服装会让肤色更黄，就会适得其反。

浅淡的颜色同样适合黄种人。色彩的映衬作用能够使肤色看上去很健康。

咖啡色系的服装和肤色比较接近，不太适合亚洲人穿着。

选择多个颜色搭配时，也要强调暖色调，色彩要明快、浅淡、以暖色为主（见图3-19）。

▲　图3-19　服装色彩搭配的个性选择

课外学苑　黑白色在服装搭配中的应用

服装之所以成为一种时尚，是因为社会的进步，经济的发展和人们对美的追求，所以我们强调"衣着得体"，要讲究协调，所以时尚就是一种文化品位的追求。黑色和白色作为基本的服装色彩，以其独特魅力占据世界服装流行舞台。

1. 从审美看黑与白的运用

从审美意识看，色彩的异同与个人对服装的审美喜好有着密切的联系。任何服装的审美效果都离不开色彩的烘托，同一款式、同一面料的服装如果采用不同的色彩来制作，会产生不同的感觉。由于人们的联想，每种色相都具有各自的情感，或者说是具有一定的象征性，并能形成不同的心理效应。黑色就其正面意义而言给人华丽、高贵、成功的感觉，而负面则给人死亡、空虚、贪婪的感觉。白色的正面有纯洁、神圣的意义，负面则有迷茫、堕落的感觉。黑色有收缩感而白色有扩张感，另外运用黑白色的组合产生灰色互动效应，在服装色彩中也起着积极的调和作用，含有广泛的适用性。

2. 从市场需求看黑与白的运用

有求才有供，服装市场上消费者对黑白色服装的如此厚爱刺激了生产的提升，也为服装设计师们提供了设计的主流元素和灵感。他们抓住了先机，顺应市场的变化，将黑白色大胆而灵活地运用于服装设计中。不像其他色彩的服饰可以在色彩搭配上进行修饰，黑白色的服装更加注重剪裁和细节的设计。像吊带及领子的变化、裤脚的长短及衣裙的折褶处理，用纯粹黑与白这两种基本色彩作利落的套装，或作高贵的晚装，或浪漫的束褶，又或是不对称的剪裁，同样简洁有型，绝对是永恒的经典。

3. 黑白色使国际流行服饰多样化、个性化

服装可以反映社会生活的方方面面，伴随着现代经济科技的飞速发展，服装的发展将趋向多样化、个性化。从社会文化意识形态看，随着人类文明的演进，现代服装设计艺术不断地受到新文化、新思潮、新观念及流派的冲击，人们更注重运用独特的色彩来表达自己的感情和思想，按照自己的意愿去创造和表现自我。例如，黑白图案纹样的围巾、半截裙、鞋与黑色长衫变化组合，造成点线面重组与多层渐变的视觉效果。纺织工艺的改革和创新，使纺织纤维不断推陈出新。丝线和织物结构的变化，使服装面料外观风格应有尽有。先进的后整理技术使服装面料瞬息万变。黑白服装通过面料的光泽、哑光、透明度、凹凸、软硬、光滑、弹性等特色为黑白色服装添彩，通过流苏、网布、亮片、色钻等装饰为黑白色服装添色。

思考与练习

1. 色彩的感情密码有哪些?

2. 黄色的象征与联想有哪些?

3. 同种色搭配原理有哪些?

4. 什么是流行色?

第四章　服饰搭配中的材质选用与组合

- 第一节　材质的分类与特性
- 第二节　材质与服装造型的关系
- 第三节　正确应用材质塑造服饰形象

学习目标

1. 了解服饰材质的类别，明确各种服饰材质的用途及主要特性。

2. 把握服饰材质与服装造型的关系，明确材质的种类与服装塑形之间的内在关系。

3. 了解并掌握如何利用服饰材质塑造个人服饰形象。

　　无论多么完美的服装造型和服装色彩都需要通过一定的服装材料才能得以体现，服装材料在服装的构成中起着基体的作用，服装材料的风格和质地对服装款式风格具有很大影响，任何服装都必须通过对材料的选择、组合、裁剪和制作等工艺处理，达到穿着与展示的目的。在进行服饰选择与搭配的过程中，服饰材质对人体的美化作用丝毫不比服饰造型与色彩逊色。

第一节　材质的分类与特性

　　服饰材质包括很多种类，每一种材质都呈现不同的特性。

服饰材质的分类

1. 根据材质原料的来源分

　　（1）天然纤维材质　天然纤维是指从自然界中的植物或动物身上获取，可直接用于纺织的纤维，常用的天然纤维包括棉、毛、丝、麻四大类，由天然纤维经过纺织加工形成的服饰材质属于天然纤维材质，如全棉织物、全毛织物、全麻织物。具有优良的服用性能。

　　（2）化学纤维材质　化学纤维是以天然或人工合成的高聚物为原料，经过特定的加工制成。根据原料来源和制造方法的不同又可以分为人造纤维织物和合成纤维织物，两者的性能和风格特征有较大区别。

　　（3）新型纺织纤维材质　指利用高新技术改良后的天然纤维和化学纤维织物。如纳米纤维织物，新型再生蛋白质纤维材料，异性纤维材料。这些融合了更高环保、健康需求的新型材质，开辟了科技、健康的穿着新理念。

　　（4）裘皮与皮革　动物的毛皮经过加工处理可以成为珍贵的服装材料，通常有裘皮和皮革两类。裘皮又称毛皮，是用动物毛皮经过鞣制加工的成品，而把经过加工处理成的光面皮板或绒面皮板称为皮革。裘皮和皮革按其来源可以分为天然和人造两种。

2. 根据织物的成分分

　　（1）纯纺织物　指织物的经纬纱线均采用同一种纤维的纯纺纱线而织成的织物。包括天然纤维纯纺织物、化学纤维纯纺织物。纯纺织物的性能主要由组成纤维的性能决定。

　　（2）混纺织物　指织物的经纬纱线均采用两种或两种以上纤维的混纺纱线而织成的织物。混纺织物具备了组成原料中各种纤维的优越性能。

　　（3）交织物　是指织物中的经纱和纬纱采用了不同种纤维的纱线或同种纤维不同类型的纱线而织成的织物。交织物不仅具有不同纤维的优良性能，还具有经纬向各异的特点。

3. 根据服饰材质的组织结构分

（1）机织物　机织物是由相互垂直配置的两个系统的纱线——经纱与纬纱，在织机上按照一定规律纵横交错成的制品。机织物品种丰富，具有结构稳定、布面平整等优点。

（2）针织物　由一根或一组纱线在针织机织针上弯曲形成线圈，并相互串套连接而成的制品。针织物具有良好的弹性、柔软性、保暖性、通透性和吸湿性。常用来制作内衣、紧身衣和运动服。

（3）非织造物　未经过传统的织造工艺，直接由短纤维或长丝铺置成网，或由纱线铺置成层，经机械或化学加工连缀而成的片状物。

（4）复合织物　是指将两种或两种以上的织物或其他材料上下复合，形成新的多层结构的服装材料。

4. 按织物的风格分

（1）棉型织物　棉型织物是指以棉纱纯纺或棉与棉型化纤混纺纱线织成的织物。织物手感柔软，光泽柔和，外观朴实自然。棉型织物包括：各类纯棉织物、涤棉等。

（2）毛型织物　毛型织物是指以羊毛、兔毛等各种动物毛及毛型化纤为主要原料制成的织物，包括纯纺、混纺和交织品，俗称呢绒。毛型织物是众所周知的高档服装面料，具有蓬松、丰厚、柔软、保暖的特点。

（3）长丝类型织物　用天然长丝或化纤长丝纯纺或交织成的织物。织物具有明亮的光泽，手感柔软、光滑，悬垂性能好。

（4）麻型织物　采用天然麻纤维纯纺或仿麻原料织制的织物类型。具有硬挺、粗犷的风格。

5. 根据材质的染色情况分

（1）原色织物　未经任何印染加工而保持纤维原色的织物。如纯棉粗布、坯布等。外观较粗糙，呈本白色。

（2）素色织物　由本色织物经染色加工成单一颜色的织物。

（3）印花织物　经印花工艺而成的织物表面具有花纹图案，颜色在两种或两种以上的织物。

（4）色织织物　先将纱线全部或部分染色整理，然后按照组织与配色要求织成的织物。此类织物的图案、条纹立体感强。

6. 根据材质的形态分

（1）形态依存型材质　形态依存型材质多指柔软的纤维类织物，此类材质只有依附于人体上，随着人体的起伏变化，结合服装工艺技术才具有立体的形态和观感。

（2）形态固定型材质　形态固定型材质本身就具备了某种形态，比如贝壳、木头、竹子、绳索等。这类材质在服装中的应用多起到装饰与美化的作用。

二　常用服饰材质的特性

1. 棉织物

棉织物手感柔软、吸湿透气性好、穿着舒适。但弹性较差、易缩水、易霉变。它是服装材料中使用广泛的一类织物，受到广大消费者的喜爱。主要种类包括：斜纹布、卡其布、泡泡纱、灯芯绒、牛仔布、平布等。

2. 麻织物

麻织物的吸湿、透气性好于棉织物，穿着凉爽舒适，比较适合夏季穿用。但缺点是手感粗硬，弹性差，易产生褶皱。麻织物的外观具有自然、粗犷之风，麻质服装独具淳朴、野性之美。其主要品种包括：纯麻细布、夏布等。

3. 毛织物

毛织物按其生产工艺可以分为精纺毛织物和粗纺毛织物。

精纺毛织物是由精纺毛纱织造而成，又称为精纺呢绒，属于高档服装材质。其结构细密、呢面洁净、织纹清晰、手感滑糯、富有弹性，是高档时装、西服、大衣的主要材质。其主要品种有：哔叽呢、啥味呢、华达呢、凡立丁、派力司、驼丝锦等。

粗纺毛织物是由粗纺毛纱织制的织物，又称粗纺毛呢。此类织物手感丰满、质地柔软、蓬松保暖。常见的品种包括：麦尔登、海军呢、制服呢、法兰绒等。

4. 丝织物

丝织物自古以来就是高档服装材质，外观绚丽多彩、光泽明亮、悬垂飘逸、柔软滑爽、高雅华丽，有"纤维皇后"的美誉。丝织物的品种多达十四大类，在服装上常用的有：电力纺、富春纺、双绉、塔夫绸、柞丝绸、素软缎、花软缎、织锦缎、乔其纱、金丝绒等。

5. 人造纤维素织物

黏胶纤维织物、莫代尔纤维织物、天丝纤维织物、醋酯纤维织物等都属于人造纤维素织物。人造纤维素织物的性能接近于天然纤维织物，织物柔软、光滑，吸湿性、透气性、染色性能好。穿着舒适，体肤触感好。染色性能优良，色泽鲜艳、色牢度好。

6. 人造蛋白质纤维织物

大豆纤维织物、牛奶纤维织物、玉米改性纤维织物等都属于人造蛋白质纤维织物。这类织物的性能类似天然动物纤维织物的性能，因此有人造羊毛、人造蚕丝之称。其特点是手感柔软、富有弹性，穿着舒适。

7. 涤纶织物

涤纶学名聚酯纤维。弹性、抗皱性能好，被誉为"挺括不皱"的纤维。涤纶织物耐磨性好，但易起毛起球。吸湿透气性差，穿着有闷热感，容易产生静电，易吸附灰尘，不易发霉虫蛀，是化学纤维中用途最广、用量最大的一种。涤棉混纺、涤麻混纺、涤纶仿毛等品种在服装中经常使用。

8. 锦纶织物

锦纶学名聚酰胺纤维，又称尼龙。锦纶织物吸湿性能差，穿着轻便，耐磨性最优。强度弹性好，耐用性好，挺括保型，是羽绒服和登山服的首选材料。

9. 腈纶织物

腈纶学名聚丙烯腈纤维，具有"合成羊毛"之称。腈纶织物保暖性好，蓬松柔软，弹性好，色泽鲜艳，但吸湿性差，易起毛起球。常作为羊毛织物的替代品。

10. 维纶织物

维纶学名聚乙烯醇缩醛纤维。外观和手感与棉纤维相似，有"合成棉花"之称。维纶织物吸湿性好，弹性与棉接近，易褶皱，有优良的耐化学性。

11. 氨纶织物

氨纶学名聚氨基甲酸酯纤维，也称弹性纤维，商业名"莱卡"。具有高弹性、高伸长、高恢复性的特点，常与其他纤维混合使用。如莱卡棉、莱卡羊毛等，增强了织物的弹性与舒适性。

第二节　材质与服装造型的关系

 服装材质的综合风格

服装材质的综合风格是指由材质的光感、色感、型感、质感、肌理等方面的因素综合表现出来的外在观感。每一种材质的外观各不相同，都具备各自独特的个性，它是体现服装美的重要因素。

1. 服装材质的光感

材质的光感，是指材料表面的反射光所形成的视觉效果。材料的纤维原料、纱线的捻向、纱线的光洁度、织物组织以及后整理都会不同程度地影响材料的光泽度。光泽面料在光线的照耀下呈现出华丽、富贵、前卫、高贵之感，在款式上适合礼服、表演服、社交的时尚服装。光泽感强的面料在视觉上会产生膨胀、扩张之感。因此适合体型匀称者。

光泽感较强的材质包括：丝缎类织物（锦缎、软缎等）、荧光涂层织物、金属亮片、金银丝夹花织物、轧光织物、漆面皮革材质（见图4-1）。

▲ 图4-1 光泽感服装材质

光泽感较弱的材质：棉麻材质以及经过水洗、磨绒和拉毛的材质。具有朴素、稳重、淳厚、内敛之感。适宜一般的生活、休闲服装。一般适合于各种体型穿着，但过于厚重而粗糙的纹理则会产生膨胀感，不宜胖人穿用（如图4-2、4-3）。

2. 服装材质的色感

色感是指由材料本身所具有的色彩或图案形成的外观效果。它受到原料的染色性能、染料、染整加工等方面的影响。

服装的色彩是通过服装材质体现出来的。材料的纤维染色性能和组织结构不同，对光的吸收和反射程度不同，给人的视觉感受也不同。如红色的热情奔放、黄色的跃动与华美、绿色的青春与生命、蓝色的安静与希望、紫色的高贵与妩媚、黑色的庄重与神秘、白色的纯洁与单纯，它们通过具体的纤维织物表现出来。色感给人以冷暖、明暗、轻重、收缩与扩张、远与近、和谐与冲突等感觉，对服装的整体搭配效果起到重要作用（见图4-4）。

▲　图4-2　棉质服装

▲　图4-3　麻质服装

▲　图4-4　服装材质的色感

3. 服装材质的型感

材质的型感是指由于纱线结构、组织变化、后整理等多方面的因素所反映出的造型视觉效果。如悬垂性、飘逸感、塑形性等，型感特征对服装外部形态与风格影响较大。

挺括平整、身骨较好的面料包括：毛、麻织物，各种化纤混纺织物，涂层面料及较厚的牛仔面料、条绒面料等。适宜制作套装、西服等款式。运用这类材质可以较好地修正体型。如果体型较胖者，穿着此类材质制作的合身服装，显得干练、利落。体瘦者穿用也可以起到调增作用，增强体型饱满感。

柔软悬垂的面料包括：精纺呢绒、重磅真丝织物、各类丝绒、针织面料等。此类材质宜用于各种长裙、大衣、风衣、套装类女装，体现舒展、潇洒的风格，较好地表现人体曲线。此种材质适合体型偏胖和匀称者，不适于瘦体型者。

有伸缩特点的面料包括：含有莱卡纤维成分的织物、针织织物。常用于内衣、运动服、毛衣、裙装等（如图4-5、图4-6）。

▲ 图4-5 挺括平整面料　　　▲ 图4-6 柔软悬垂面料

4. 服装材料的质感

服装材料的质感是织物外观形象与手感质地的综合效果。质感包括织物手感的粗厚、细薄、滑糯等，也包括织物外观的细腻、粗犷、光滑。

薄而透明的面料包括：沙罗、乔其纱、巴厘纱、透明雪纺纱、蕾丝织物等。这些面料精致、轻盈、朦胧，透露出迷人、神秘之感，具有很强的装饰性，常用于女装设计（见图4-7）。

粗厚蓬松的面料包括：粗花呢、膨体大衣呢、花呢、绒毛感的大衣呢、裘皮面料。给人以蓬松、柔软、温暖、扩张之感（见图4-8）。

▲　图4-7　纱质服装

▲　图4-8　粗花呢与精纺毛呢服装

表面光洁细腻的面料包括：细特高密府绸、细特强捻薄花呢、超细纤维织物、精纺毛织物等，有高档、细密的风格，适合正式场合的服装。

5. 服装材料的肌理

所谓肌理，是指服装材料表面的组织结构、形态和纹理。材质的肌理效果分为两类：一种是立体肌理，即材料通过表面凹凸起伏纹路或立体装饰呈现出的具有浮雕感的艺术效果；另一种是平面肌理，指材料表面的图案、花纹色彩不一或疏松紧密有别所产生的视觉效果。肌理使服装材质具有层次丰富、立体感强的特点，更富有艺术表现力。不同的肌理效果对体型也会产生修饰作用。

肌理感强的面料：各种提花、花式纱线、轧绉、割绒、植绒、绣花、褶皱、衍缝织物（如图4-9）。

▲ 图4-9 面料肌理

二 材料与服装造型

1. 垂荡飘逸的服装造型

柔软、适中且悬垂好的面料，如丝绒、重磅真丝、化纤仿真丝精纺薄型毛呢等材质最适合塑造线条柔顺、自然舒展、垂荡飘逸的服装轮廓，大摆裙、长风衣等服饰，在此类材质的映衬下显得动感十足（见图4-10）。

2. 高贵华丽的服装造型

柔软、光泽、轻薄的纱织物和绸缎及亮片类材质适合表现高雅华贵、亮丽性感的礼服设计（图4-11），展示女性的优美曲线与性感妩媚。

▲　图4-10　垂荡飘逸的服装造型　　　　▲　图4-11　高贵华丽的服装造型

3. 挺括平直的服装造型

职业套装、西装、西裤、大衣、直筒裙等服装类型具有挺括、平直、硬朗的服装轮廓，因此质地平整细密、身骨较好的精纺毛料（花呢、华达呢、啥味呢）、化纤仿毛面料及粗纺呢绒（麦尔登、法兰绒、花呢）、皮革制品等是理想的服装材质。硬挺的服装面料加上合体的服装款式，对偏胖或过瘦的体型都很适合。

4. 紧身适体的服装造型

紧身适体的服装造型如裹裙、铅笔裤，服装与人体之间的放量几乎没有，为了使人体感到舒适自如，必须选择伸缩性和弹性极佳的材质，比如针织罗纹面料、弹力棉等，这类服装造型能够如实反映体型面貌，因此对形体条件要求较高（如图4-12）。

5. 宽松舒适的服装造型

这类服装造型常以休闲服装种类为主，棉麻布面料质地坚韧、吸湿、透气，具有朴实、简约的特点，适合打造宽松、舒适的服装风格（如图4-13）。

▲ 图4-12 紧身适体的服装造型　　　　　　▲ 图4-13 宽松舒适的服装造型

第三节　正确应用材质塑造服饰形象

　　材质是构成服装的物质基础，在进行服饰选择与搭配、材质选用是不容忽视的关键因素。人们在把握自身形体条件的基础上，运用各种服装材质的特点与风格，找出人体与材质间的对应关系，最终达到利用材质塑造服饰形象、弥补体重缺陷的目的。

　材质与体型的对应关系

　　面料是人们的第二层肌肤，它与服装造型同样有塑造身形的作用，不同的体型在选择服装材质时要遵循和谐、顺应的原则。

1. 瘦削骨感体型与材质的对应关系

　　瘦削骨感体型身材扁平，骨骼清晰，关节部位突出，又称皮包骨式体型。这类体型在选择服装材质时，春秋季节应选择挺括平整、身骨较好的面料，如毛、麻织物，各种化纤混纺织物，涂层面料及较厚的牛仔面料，条绒面料，皮革材料等，以此增加体型的丰满感。在冬季，粗厚蓬松的毛呢面料是适宜的选择。瘦削骨感体型一定要避免穿着柔软悬垂材质的服装，易暴露体型的不足之处，即使在夏季也应以棉、麻材质为主。如果一定要选择柔软飘逸的材质，也要注意在款式上采用褶皱丰富、层叠设计的样式。另外光泽感较强和肌理感强的材料也比较适合瘦削骨感体型。

2. 丰满圆润体型与材质的对应关系

丰满圆润的体型身材饱满、浑圆，又称肉包骨式体型。在材质选择上此类体型最理想的种类是柔软悬垂的面料，如各类精纺呢绒、软缎、各类丝绒、针织面料等，穿着时依附于人体，有显瘦的效果。丰满圆润体型应避免粗厚蓬松和薄而透明以及光泽感较强的材质。

3. 匀称体型与材质的对应关系

匀称体型身材均匀、比例和谐，是一种理想的体型。在材质选择上范围比较广泛，无论是光泽感的、挺括平整的、柔软悬垂的、有伸缩性、比较厚重的材质都比较适合。在选择材质时重点要注重材质之间的风格组合，以及与自身气质、肤色的搭配。

4. 特例体型与材质的对应关系

特例体型的特点体现在身材的某个部位不太理想，如下肢粗胖，胸部扁平，肩部下垂等。一方面可以依靠服装款式与局部造型弥补身材的缺陷，还可以利用材质进行分段打造。比如身体某个部位需要弱化的，就选用柔软悬垂的柔性材质，需要强调或加强的部位宜采用身骨挺括、平整的材质。

（二）利用材质的花纹、图案与肌理塑造服饰形象

通过利用材质上花纹、图案的大小、疏密、形状与排列方式以及材质的肌理也可以达到修正体型的作用。

1. 丰满圆润体型的选择

丰满圆润体型适合选择密集度较高、小花朵图案的材质，竖条纹的图案也是不错的选择。应尽量避开大型的花纹或醒目的几何图案，如横条纹、大方格等。如果为了收缩形体服装色彩采用了比较单一深色系，可以考虑搭配上一个别致、醒目的服饰配件，从而为整个造型添加活力（见图4-14）。

▲ 图4-14　丰满圆滑体型的服饰搭配

2. 瘦削骨感体型的选择

　　瘦削骨感体型需要通过选择图案与花型达到丰满体质的目的，所以横条纹，或者色彩对比强烈的图案、花型、方格以及面料的立体装饰、肌理都是适宜的选择（见图4-15）。

▲ 图4-15　瘦削骨感体型的服饰搭配

3."A"形体型的选择

对于上身比较瘦，而下身比较胖的"A"形体型，上身选择穿花朵/圆点图案的服装来扩大视觉体积，下身穿有视觉收缩作用的衣服，这样整个造型上下就平衡了，人也看起来苗条一些（见图4-16）。

▲ 图4-16 "A"形体型的服饰搭配

4.娇小体型的选择

娇小体型是指身高在155厘米以下比例匀称的体型。在服饰图案的选择上，要着力改变体态矮小，使身形得到纵向拉长，因此宜选用小型精致的单独纹样或竖向细条纹。小型精致的单独纹样适合在上装使用，竖条纹最好用于下装。

三 利用材质组合与搭配塑造服饰形象

1.同质面料间的组合

相同质地面料间的组合，是指把质地、色彩、风格一致的服装面料搭配在同一套服装之中，构成和谐统一的视觉效果的组合方式。由于材料的各个方面都相互一致，很容易取得统一、稳定的服装效果。但其欠缺也显而易见，就是由于服装与服装之间、服装与服饰品之间的共性过强，势必容易造成鲜明的个性缺乏的弊端。因而，相同面料的组合，一定要努力寻求在形态上、纹理上、表现形式上、构成的状态上的变化和形成对比。否则，统一就容易构成单一和单调，就会缺乏生动感人的视觉效果。

2. 不同质地、不同风格的面料组合

把质地、厚薄、粗细、色彩、风格等方面具有一定差异的面料搭配在一套服装之中，构成多样统一的视觉效果。各种面料有各自的"性格表情"和效果，具有不同的质地和光泽，两种以上的面料并用，通过相互间的衬托、制约，使彼此的质感更为突出。如有光泽与无光泽的对比、褶皱与光滑的对比、柔软与厚重的对比、细腻与粗糙的对比、透明与不透明的对比、弹性的对比等，使整体服装效果更趋完美。

但同时，不同材料的组合由于材料的各个方面都存在一定的差别，因而就要努力寻求统一，要找到能够起到决定因素的所在。也就是说，把不同的材料组合在一起，必须要让能起到主导作用的某一材料占有绝对大的面积，才能构成稳定的视觉效果。或者，要让质地接近或相同的材料在服装的不同部位多次出现，使不同的材料之间呈现一种内在联系或是建立一种秩序，也能使服装整体呈现和谐的效果（见图4-17）。

▲ 图4-17 不同面料的组合与搭配

 丝绸织物的洗涤与保管

　　洗涤丝绸制品时，要选择好清洁剂。由于真丝绸与人体皮肤一样呈微酸性，所以不宜用碱性洗涤剂或肥皂洗涤，最好使用少量中性洗涤剂（如洗蔬菜水果用的洗涤灵），洗净后的丝绸织品，最好在加有几滴醋酸的水中浸泡几分钟，这样可以使色泽更加鲜亮。

　　丝绸服装在收藏时要彻底清洗干净，最好能干洗一次，这不仅能去污，还能保护质料和衣型，同时又能起到杀虫灭菌的作用。丝绸服装在收藏时，白色的丝绸最好用蓝色纸包起来，可以防止泛黄，花色鲜艳的丝绸服装要用深色纸包起来，可以保持色彩不褪。

　　丝绸服装较轻薄，怕挤压，易出褶皱，应单独存放或放置在衣箱的上层。金丝绒等丝绒服装一定要用衣架挂起来存放，防止立绒被压出现倒绒或变形。当丝绸服装因受潮而出现轻微霉点时，可用绒布或新毛巾轻轻揩去，霉点较重时，可用氨水喷射于丝绸织物表面，再用熨斗烫平，霉点即可消除。白色绸缎上若有轻微霉点，可用酒精轻轻揩去。

1. 服饰材质可以从哪些方面进行分类？
2. 请分析棉织物、麻织物、毛织物、丝织物、人造纤维织物以及涤纶织物的特性。
3. 何为服装材料的视觉风格？它与服装的风格表现有什么关系？
4. 结合自身的体型特点，为自己选择适合的服装材质。

第五章　服饰搭配艺术中的个性与流行

- 第一节　流行的产生、特点与应用
- 第二节　个性的内涵
- 第三节　流行与个性的结合原则

学习目标

1. 理解服饰搭配艺术中个性与流行的含义以及形成特点。

2. 明确服装流行的特点。

3. 掌握流行与个性的结合原则。

4. 了解服饰搭配过程中如何运用流行与个性相结合的原则,体现流行与个性。

第一节　流行的产生、特点与应用

一　流行的基本概念

流行只是一个有形象比喻的动名词，它表现的是文化与习惯的传播。

现在的多数所谓追逐流行的人，认为流行是时装、时髦、消费文化、休闲文化、奢侈文化、物质文化、流行生活方式、流行品位、都市文化、次文化、大众文化以及群众文化等概念所组成的一个内容丰富、成分复杂的总概念。这个总概念所表示的是按一定节奏、以一定周期，在一定地区或全球范围内，在不同层次、阶层和阶级的人口中广泛传播起来的文化。

二　流行产生的原因

服装是无声的语言，着装可从一个侧面真实地传递出一个人的修养、性格、气质、爱好与追求，良好着装可使着装后的个人形象富有神韵和魅力。

所谓的"流行"都是有源头的。比如一些不合时宜的新兴事物，经过了某些特殊的途径引起所谓上层人士的注意，后来绝大多数的人开始关注它、使用它、了解它，所以流行是一个很广义的词，它可以改变人们现在的生活习惯。

服饰是非语言交流的重要媒介，人们常借这种交流媒介不断地传递和吸收信息。服饰可作为一种手段来进行自我保护、自我表现、自我否定、掩盖缺陷、确认所属的社会集团、显示地位和角色。很多个人属性可通过良好的服饰来表达，这些特征包括性别、年龄、民族、国籍、与异性的关系、社会地位和经济地位、所属集团和从事的职业、精神状态、个性、态度、兴趣和价值观念。

人类的文明与文化就是出现—流行—发展—普及的过程。

三　流行的特征

流行又称时尚，是对一种外表行为模式的崇尚方式。其特征是新奇性、相互追随仿效及流行的短暂性，如年年有其崇尚的流行色。

社会成员对所崇尚事物的追求，获得一种心理上的满足。时髦是非理智的与过渡性的行为模式的流传现象。这种行为模式具有以下特征。

一是流行体现有影响力的阶层的价值观。在各种不同的阶层里流传。它的发起人通常是社会名流，一旦开了风气就成为他们寻求地位或自我表现的手段。

二是流行体现一种普遍性。在文明开放的社会里都有的现象。其产生、流行与社会文明成正比；其流传的范围，可以跨越国界，广为流行。

三是流行体现一种张扬性，是自我宣扬的工具，是个性的手段。

时髦与时尚最显著的差别是时尚所流行的项目对社会来讲，微不足道，影响很小，时尚仅仅流行于某一阶层、社区或某一同质群体；而时髦则流行于社会各阶层与异质群体之中，时髦的流传时间显示出有组织的特性。

综上所述，通俗一些讲，流行具有以下几个特性：

新颖性——流行的内容必须是新近、最近发生的新颖样式；

一时性——流行的整个过程在社会生活中显得非常短暂；

现实性——流行突出反映了当时的社会和文化背景；

琐碎性——流行围绕生活中的"琐碎小事"兴起和消亡；

规模性——流行要有一定数量的社会成员参加。

四、服装流行的特点

一种服装款式的发展，一般是宽胖之极必向窄瘦变动；长大之极必向短小变动；明亮之极必向灰暗变动，鲜艳之极必向素雅变动。所以，"极点反弹"成为服装流行发展的一个基本规律。大必小、长必短、开必合、方必圆、尖必钝、俏必愚、丽必丑——极左必极右，愈极愈反。例如，18世纪的撑裙，直径达到2.4米，在房中移动十分不便。到了20世纪60年代超短裙取而代之。这正是从"极大"到"极小"的反弹效应。

1. 新颖性

这是流行最为显著的特点。流行的产生基于消费者寻求变化的心理和追求"新"的表达。人们希望对传统的突破，期待对新生的肯定。这一点在服装上主要表现为款式、面料、色彩、图案及穿着方式的变化。服装企业就是把握住了人们的"善变"心理，满足了消费者"求异"的需要。

2. 短时性

"时装"一定不会长期流行，长期流行的一定不是"时装"。一种服装款式如果为众人接受，便否定了服装原有的"新颖性"特点。这样，人们便会开始新的"猎奇"。如果流行的款式被大多数人放弃的话，那么该款式时装便进入了衰退期。

3. 普及性

一种服装款式只有为大多数目标顾客接受了，才能形成真正的流行。从众心理的追随、模仿是流行的两个行为特点。只有少数人采用，是形不成流行趋势的。

4.周期性

一般来说，一种服装款式从流行到消失，过去若干年后还会以新的面目出现。这样，服装流行就呈现出周期特点。日本学者内山生等人发现，裙子的长短变化周期约为24年左右。

五、流行与服饰

流行服装的产生取决于消费者对新款式的接受或拒绝。这个观点与众不同。有人认为，时装不是由设计师、生产商、销售商创造的，而是由"上帝"创造的。服装设计师们每个季节都推出几百种新款式，但成功流行的不足10%。流行时装不是由价格决定的。服装服饰的标价并不能代表其是否流行。一旦一种高级时装出现在店头、街头，并为人们所欢迎，那么大量的仿制品就会以更低廉的价格为流行推波助澜。流行服装的本质是演变的，但很少有真正的创新。一般来说，款式的变化是渐进式的。顾客购买服装只是为了补充或更新现有的衣服，如果新款式与现行款式差别太大，顾客就会拒绝购买。服装企业就是在关注"目前流行款式"的基础上进行新设计的。任何流行服装最终都会过时。推陈出新是时装的规律（见图5-1～图5-4）。

▲ 图5-1 流行服饰欣赏（一）

▲ 图5-2 流行服饰欣赏（二）

▲　图5-3　流行服饰欣赏（三）

▲　图5-4　流行服饰欣赏（四）

第二节　个性的内涵

一　个性的概念

简单地说，个性就是一个人的整体精神面貌。

个性一词最初来源于拉丁语Personal，开始是指演员所戴的面具，后来指演员———个具有特殊性格的人。一般来说，个性就是个性心理的简称，在西方又称人格。

个性在心理学中的解释是：一个区别于他人的，在不同环境中显现出来的，相对稳定的，影响人的外显和内隐性行为模式的心理特征的总和。

由于个性结构较为复杂，因此，许多心理学者从自己研究的角度提出个性的定义，美国心理学家奥尔波特(G. W. Allport)曾综述过50多个不同的定义。如美国心理学家吴伟士(R.S.Woodworth)认为："人格是个体行为的全部品质"。美国人格心理学家卡特尔(R.B.Cattell)认为："人格是一种倾向，可借以预测一个人在给定的环境中的所作所为，它是与个体的外显与内隐行为联系在一起的"。前苏联心理学家彼得罗夫斯基认为："在心理学中个性就是指个体在对象活动和交往活动中获得的，并表明在个体中表现社会关系水平和性质的系统的社会品质"。

就目前西方心理学界研究的情况来看，从其内容和形式分类，主要有下面五种定义。

第一，列举个人特征的定义，认为个性是个人品格的各个方面，如智慧、气质、技能和德行。

第二，强调个性总体性的定义，认为个性可以解释为"一个特殊个体对其所作所为的总和"。

第三，强调对社会适应、保持平衡的定义，认为个性是"个体与环境发生关系时身心属性的紧急综合"。

第四，强调个人独特性的定义，认为个性是"个人所以有别于他人的行为"。

第五，对个人行为系列的整个机能的定义，这个定义是由美国著名的个性心理学家阿尔波特（G. W. Allport）提出来的，认为"个性是决定人的独特的行为和思想的个人内部的身心系统的动力组织。"

现代心理学一般认为，个性就是个体在物质活动和交往活动中形成的具有社会意义的稳定的心理特征系统。

二 个性产生的特点

1. 个性的倾向性

个体在形成个性的过程中，时时处处都表现出每个个体对外界事物所特有的动机、愿望、定势和亲和力，从而发展为各自的态度体系和内心环境，形成了个人对人、对事、对自己的独特的行为方式和个性倾向。

2. 个性的复杂性

个性是由多种心理现象构成的。这些心理现象有些是显而易见的，别人看得清楚，自己也觉察得很明显，如热情、健谈、直爽、脾气急躁等；有些非但别人看不清楚，就连自己也感到模模糊糊。

3. 个性的独特性

每个人的个性都具有自己的独特性，即使是同卵双生子甚至连体婴儿长大成人，也同样具有自己个性的独特性。

4. 个性的积极性

个性是个动力倾向系统的结构，不是被客观环境任意摆布的消极个体。个性具有积极性、能动性，并统帅全部心理活动去改造客观世界和主观世界。

5. 个性的稳定性

从表现上看，人的个性一旦形成，就具有相对的稳定性，轻易无法改变。

6. 个性的完整性

如前所说，个性是个完整的统一体。一个人的各种个性倾向、心理过程和个性心理特征都是在其标准比较一致的基础上有机地结合在一起的，绝不是偶然性的随机凑合。人是作为整体来认识世界并改造世界的。服装也同样，是作为一个整体形象示人的。

7. 个性的发展性

婴儿出生后并没有形成自己的个性，随着其成长，其心理不断丰富、发展、完善，逐渐形成其个性。从形式上讲，个性不是预成的，而是心理发展的产物。

8. 个性的社会性

个性是有一定社会地位和起一定社会作用的有意识的个体。个性是社会关系的客体，同时它又是一定社会关系的主体。个性是一个处于一定社会关系中的活生生的人和这个人所具有的意识。个性的社会性是个性的最本质特征。

从个性的发展性与个性的社会性来看，个性的形成一方面有赖于个人的心理发展水平，另一方面有赖于个人所处的一定的社会关系。研究人的个性问题，必须以马克思主义关于人的本质的学说为基础和出发点。马克思曾经指出："人的本质并不是单个人所固有的抽象物。实际上，它是一切社会关系的总和"。因此，只有在实践中，在人与人之间的交往中，考察社会因素对人的个性形成的决定作用，才能科学地理解个性。

研究个性，就是研究人，就是研究人生。个性理论就是关于人的理论，就是关于人生的理论。人人都有个性，人人的个性都各不相同。正是这些具有千差万别个性的人，组成了这个生动活泼、丰富多彩的大千世界和各种各样、既相互联系又相互制约的人类群体，推动着历史的前进和时代的变迁。

三、如何体现个性

着装的个性原则不单指通常意义上的个人的性格，但它是主要方面，当然还包括一个人的年龄、身材、气质、爱好、职业等因素在外表上的反映所构成的个人的特点。有的人穿上崭新的服装，觉得浑身不自在，变得拘谨呆板，就因为这衣服不是他的个性表达，仍是外加的壳。各式服装都有自己的风格和内涵，如理解服装同理解自身一样，就能找到适合自己穿的衣服。只有个性化的着装，才能与自己的个性和谐一致，才能烘托个性，展示个性，保持自我，以别于他人。只有当服饰与个性协调时，才能更好地发挥其效应，塑造出自己的最佳形象和礼仪风貌。

体现个性有五个原则即"4W"原则和个性原则。如何按照礼仪要求恰当地选择好自己应穿应戴的衣物饰品呢？就商务着装而言，总的要求就是要严格遵行"4W"原则，包括时间（When）、穿着场合（Where）、穿着对象（Who）、穿着目的（Why）。

1. 时间原则

一般包含三个含义：一是指一天中时间的变化，二是指一年中四季的不同，三是指时代间的差异。日间是工作时间，着装要根据自己的工作性质和特点，总体上以庄重大方为原则。如果安排有社交活动，则应以典雅端庄为基本着装格调。晚间可能有宴请、听音乐、看演出、赴舞会等社交活动，由于空间的相对缩小和人们的心理作用，人们往往对晚间活动的服饰比白天活动时的服饰给予更多的关注与重视。因此，晚间着装要讲究一些，礼仪要求也要严格一些。晚间着装以晚礼服为主，以形成典雅大方的礼仪形象。西方许多国家都有一条明文规定：人们去歌剧院观看歌剧一类的演出时，男士一律着深色晚礼服，女士着装也要端庄雅致，以裙装为宜，否则不准入场。这一规定旨在强调社交场合的文明与礼仪，同时也体现着西方国家所具有的尊重他人可以营造优美环境与氛围的社交文化。

另外，一年四季不同气候条件的变化对着装的心理和生理也会产生影响，着装时应做到冬暖夏凉、春秋适宜。夏天的服饰应以简洁、凉爽、轻柔为原则，切记拖沓累赘。冬天的服饰则应以保暖、轻快、简练为原则，穿着单薄会使人看起来缩肩佝背；而着装过厚，又会显得臃肿不堪、形体欠佳。春夏两季着装的自由度相对来讲要大一些，但仍应注意总体上宜以轻巧灵便、薄厚适宜为着装原则。此外，服饰还应顺应时代的潮流和节奏，过分落伍或过分新奇都会令人侧目。

2. 场合原则

不同的穿着场合需要与之相协调的服饰，以获得视觉与心理上的和谐感。在豪华的铺着地毯的谈判大厅与陈旧简陋的会客室里，穿着同一套服装得到的心理效应是截然不同的。与环境不相协调的服装，甚至会给人以身份与穿着不符的感觉或华而不实、呆板怪异的感觉等，这些都有损职场的形象。避免它的最好办法是"入乡随俗"，穿着与环境地点相适合的服装。

3. 对象原则

就穿着对象而言，比如职业女性在衣着穿戴上不能太华丽，肉色蕾丝上衣、丝绒高开衩长裙，会使别人怀疑其工作能力，同时也难免会遭到同性的嫉妒和异性的骚扰。同样，对于一个刚离开校门参加工作的青年业务人员来说，太清纯、太学生味的装扮也只会让自己显得幼稚、脆弱，让人怀疑其肩上能否挑得起重担；而太前卫的办公室着装只会让人觉得散漫、怪诞、缺乏合作精神。

女性职场装扮原则
- 以端庄典雅为原则
- 裙装以及膝较为正式
- 裙装应搭配包头淑女鞋与丝袜
- 可穿裤装
- 可配戴合宜之饰品
- 脸部应采用自然淡妆修饰气色
- 发型应利落美观
- 可使用淡雅宜人的香水

女性职场不宜之装扮
- 性感的装扮
- 过于可爱的装扮
- 过于休闲的装扮
- 迷你裙搭配露趾凉鞋
- 化妆过浓或完全不化（餐后不补妆）
- 凌乱的发型
- 夸张的饰品配件
- 夸张或斑驳的指甲油
- 过浓的香水。

4. 目的原则

着装的目的原则是指服装要与穿着场合的气氛相和谐，更和欲达到的目的相一致。如参加签字仪式或重要典礼等重大活动，要想让自己显得庄重、大方，表现出诚意或教养，要注意穿着合体，质地、款式庄重大方的服装。

不同场合的着装，关键是要让服饰与时间、地点及仪式内容相符。如能按照"4W"原则适当讲究，便可给人庄重、大方、高雅、整洁的好印象，同时也是对宾客或主人的礼貌与尊重。

5. 个性原则

这里有两层含义：穿着对象和交际对象。也就是说，你的穿着既要适合自己，能表现自己的个性风格，又要对应别人，与你的交际对象保持协调一致。在生活中，常常会看到高高胖胖的女士，上穿一件淡红色紧身衣，下穿一条一步裙，令人担心那身衣服随时会崩裂；而身材矮小的女士，却上穿一件深色蝙蝠衫，下穿一条长长的黑色呢裙，宽松肥大的衣裙把她整个人都装了进去，越发显得瘦弱憔悴。男士也是如此。五短三粗的男子却穿着包臀的锥形裤，让人看上去十分别扭。要穿得自然得体，就得根据自己的高矮胖瘦，选择不同质地、颜色、款式的服装加以调整。

体现个性，还受容貌肤色、年龄、职业、性格等多种因素的影响。比如，你的相貌很老成，却总爱穿粉嫩的颜色就显得不合时宜；你的肤色偏黄，却爱穿土黄色或黑色服装，越发像"出土文物"；着装个性还要综合考虑自己各方面的条件和社会条件，使之穿出自我、穿出个性。比如，一位女性高级管理人员的服饰设计则必须在精明干练、独立果敢中透出一股温和娴雅的天性，比如一套银灰色套裙比较适合她的身份。

四、个性与服饰

人们常说"文如其人""字如其人"或"诗如其人"，意谓文章、书法和诗词等艺术作品能反映作者的个性。相似地，服饰也能反映穿着者的个性。服饰所反映的个性是天性与角色这两个方面的结合。

不同的人对服饰的款式、色彩、图案和质地常会显示出某种偏爱，这种偏爱是个性的反映和表露。其中服饰色彩与个性的关系最为密切。例如，偏爱冷色调的服饰消费者通常表现出安详、冷漠的个性；喜欢暖色调的人一般精神饱满，天性活泼好动，富于情感，热情而急躁；偏爱红色的人渴望刺激，好新奇；喜欢褐红色的人，不少是属于多情而又容易与人亲近的类型，秉性柔和温顺；紫色的爱好者常常带有艺术家的气质或自命清高；棕色和绿色常常是稳重谨慎性格的人所中意的色调，这些人不喜欢锋芒毕露；橙黄和橙红是乐观天性的表露；偏爱白色或银灰色的人往往高雅脱俗；喜欢黑色的人也许十分谨慎，如果喜欢黑色配紫色的话，则可能是忧郁或悲观的反映；偏爱黄色，特别是大面积地使用黄色，则是醉心现代作风的表现等等。

服饰的个性表现与环境有十分密切的关系，某些场合和环境适合充分表现个性化，某些场合则要注意个性服从于特定场合着装的要求。例如，在一些远离日常生活的场合中，如化装舞会和狂欢节活动，人们可以暂时抛开礼节和身份，置习俗陈规于不顾，放纵自己的想象和平时受到压抑的欲望，穿着打扮可以淋漓尽致地表达个人特征和流露出深层意识。相反，在庆典、婚礼或纪念仪式等隆重场合上，在宴席、大剧院的环境中，人们或着制服，或穿礼服，这时着装要注意和特定场合相符。

不同类型的服饰消费者，其服饰的个性化程度各不相同。时装的创新者和倡导者的服饰一般都具备极为鲜明的个性。他们往往率先采用某一新颖的款式，或在选择一种较常见的时装时略加变化——修改某些细节，调整色调的深浅浓淡，或换一种配套方式。在这类消费者中，较高文化程度的人所占比例较大，一般都具有较高的社会安全感和较高的自信心，以及独立的见解和自主的地位，其为人行事不需求外界的支持。他们常常是活跃于各种公开场合的和好交际的人，重视自己在公众心目中的形象，认为或意识到自己引人注目，懂得或擅长用穿着方式来支持自己对人生和服饰行为的看法和观点。赶时髦和随大流的服饰消费者往往缺乏鲜明的个人特征。也有人不喜欢引人注意，穿着打扮力求普通，以使自己可以消失在茫茫人海之中——这是缺乏自信的表现，隐蔽到人群中去是为了寻求安全感。

服饰被看作是认识穿着者个性的捷径。如前所述，服饰反映个性几乎成了一句格言。但是，这种反映的精确度究竟如何？人们可以用服饰装点出一个理想的形象，给人以乐意给出的印象；另一方面，服饰也会暴露你深藏在心底的奥秘。因此，有一种服饰社会心理学理论，把服饰反映个性这一现象区分为表现公开的自我和流露隐蔽的自我两个不同的侧面。一个人的个性有不同的侧面和丰富的内涵,服饰形象有多种不同的表现形式,服饰搭配可以进行思考和选择。

第三节　流行与个性的结合原则

服装的流行性像永不休止的浪潮一样,此起彼伏,它敏锐地放映出各个时代具有普遍意义的文化趋向和审美趋向,是服饰在每一个流行时段中审美价值和经济价值的重要标准之一。

流行与个性两者相辅相成、相互依赖。流行在某种程度上体现着个性,个性又在一定程度上反映着当前的流行。个性和流行是服装设计中二位一体的两个要素,二者不可分割。设计中对二者的把握代表着设计师的设计水平。

流行突出个性的原则

服装的流行首先基于人的生理心理方面的原因,同时还会受到社会政治、经济、科技、文化的影响。分析这些影响服装的因素,对服装设计师把握和预测时尚潮流有着十分重要的作用。

年轻人对于流行服装有很敏锐的反应,但往往只是粗线条的直觉,再加上不会搭配,反而显出没有品位。最聪明的人是把流行当"调料"放进当季衣服中,使自己永远时髦又别具一格,在流行中找到适合自己的风格,在流行中巧妙地突出自己的个性。

个性体现流行的原则

个性中体现着流行有三层境界:第一层是和谐,第二层是美感,第三层是个性。

1. 穿着和谐

不要太注重品牌,这样往往会让你忽视了内在的东西。即使你的衣服不是每天都洗,但也要在条件许可的情况下争取每天都更换一下,两套衣服轮流穿着一周比一套衣服连着穿3天会更加让人觉得你整洁、有条理。一件品质精良的白衬衫是你衣橱中不能缺少的,没有任何衣饰比它更加能够千变万化。每个季节都会有新的流行元素出台,不要盲目跟风,让自己变成潮流预报员,反而失去了自己的风格。关键是购买经典款式的衣饰,耐穿、耐看,同时加入一些潮流元素,不至于太显沉闷。

2. 体验美感

衣服可以给予女人很多种曲线,其中最美的依然是X形,衬托出女性苗条、修长的身段，女人味儿十足。应该多花些时间和精力在服装的搭配上，不仅能让你以10件衣服穿出20款搭配，而且还锻炼自己的审美品位。选择精良材质的保暖外套，里面则穿上轻薄的毛衣或衬衫，这样的国际化着装原则将会越来越流行。对于成熟的都市女性来说，优雅得体是着装的基本要求。

3.穿出个性

经典很重要，时尚也很重要，但切不能忘记的是独具匠心的别致。没有所谓的流行，穿出自己的个性就是真正的流行。无论在色彩还是细节上，相近元素的使用虽然安全却不免平淡，适当运用对立元素，巧妙结合，会有事半功倍的美妙效果。时尚发展到今日，其成熟已经体现为完美的搭配而非单件的精彩。

重视配饰，衣服仅仅是第一步，在预算中留出配饰的空间，得体的配饰可彰显着装的品位。

三、整体性原则

服饰整体美的构成因素是多方面的，包括人的形体和内在气质，服装饰物的款式、色彩、质地、加工工艺乃至着装时的环境等。服饰的美就要从多种因素的和谐统一中显出整体的完美。显然，服饰的整体美主要由服饰的内在美与外在美构成。内在美指人的内在精神、气质、修养及服装本身所具有的"气韵"。外在美指人的形体及服饰全部外在表现。服饰美最终追求的是具有一定的流行及鲜明个性风格的和谐统一的整体美。

正确的着装，能使形体、容貌等形成一个和谐的整体美。正如培根所说："美不在部分而在整体"，孤独地看一个事物的各个部分可能不美，但就整体看却可能显得很美。装扮是外在的，若能不断充实自己的内涵，培养自己优雅的气质、得体的风度，那么着装上就会更接近成功。

服饰的整体美在观念上追求的是意境美。中国的艺术传统，历来重情感，追求的是艺术作品的意境美，在对待服饰和人体的关系上，偏重于借助款式造型、色彩搭配等修饰手段，赋予人体一种内在的神韵，而不过分显示美的形体，这叫"遗貌取神"。对于不完美的形体，也是靠服饰的造型与人的个性、气质等方面的巧妙结合，以求达到一种新的意境，弥补其形体的不足，即所谓"扬长避短"。服饰的整体美在实践上追求含蓄和谐、宽松自然，这是意境美创造的有效途径。

课外学苑 维维安·威斯特伍德

有人用"颓废""荒诞""离经叛道"等字眼来形容维维安·威斯特伍德的服装，因为她那种长短不一、稀奇古怪、没有章法的服装着实让时装界吃惊。人们可以不恭维她的作品，却不能不被她的独特的设计思想而震撼。人们不得不承认她那罕见的、乖僻古怪的设计思想对当今时装界的影响是深远的。有人称她创造了华丽时代的叛逆时尚。她的设计没有成为巴黎时装的主宰，也形不成潮流，但她的影响却是在观念上的，她的思想极大地冲击了传统的时装界。

维维安·威斯特伍德设计思想的形成源于街头时装，她为爵士乐迷和摇滚乐迷提供各种服装、饰物。她的设计完全摆脱了传统的服饰特点，用几乎是粗暴的方式将各种不可想象的材料和方式进行组合。而恰恰正是这种怪诞、荒谬的形式，博得西方颓废青年的喝彩。按她自己的说法："正因为始终都以Teddy Boy（无赖青年）、Rocker（摇滚）、Sex（性）为中心，产生我们独自的文化，即Punk Rock（朋克）。"

维维安·威斯特伍德1941年生于英国南方的汀特威斯尔村。威斯特伍德自幼聪明好学，在学校读书时成绩优异，后来上了哈罗艺术学校学习金银首饰设计，但由于她梦想成为一名教师，一个学期以后，就转而接受师范教育。她当上教师以后，不习惯学校的环境，也不善于与同事相处，不得不离开学校重操旧业，设计制造珠宝首饰出售，以维持生活。后来，她结识了麦考姆麦克拉伦。他们的结识改变了威斯特伍德的生活，并对她的一生产生重要的影响。志同道合使他们共同相处，麦克拉伦成了威斯特伍德的良师与合伙人。

1970年，威斯特伍德与麦克拉伦合伙在伦敦的英皇道430号开设一家商店，起初只出售音乐磁带。因威斯特伍德立志于服装设计，不久，她的第一套服装系列作品问世。

威斯特伍德的设计构思是服装领域里最荒诞的、最稀奇古怪的，也是最有独创性的构思。20世纪70年代末，她用皮革、橡胶制作怪诞的时装；膨胀如鼓的陀螺形裤子，不得不在脑袋上先缠上布的巨大礼帽，黑色皮革制的T恤，甚至在昂贵的衣料上有意剪成洞眼或撕成破条等。80年代初她的更大胆的做法是：内衣外穿，甚至将胸罩穿在外衣上，在裙裤外加穿女式内衬裙、裤。她还扬言要把家中的一切秘密公之于世。她的种种癫狂的设想，常常叫人毛骨悚然，或啼笑皆非。她甚至可以使衣袖一只长一只短，有意露出粗糙的缝线。总之，这些都是她的设计手段，或者说，是设计风格。

随着朋克走向世界，威斯特伍德的知名度愈来愈高。她开始进军巴黎，1983年春在巴黎推出"女巫"系列，是一组暴露下腹的服装，有不按规律拼缀的色布、粗糙的缝线、邋遢碎布块和各色补丁，这种前所未有的"时装"，让见多识广的巴黎人也瞠目，而她却赢得了时装界的瞩目。威斯特伍德这样用怪异、前卫甚至粗暴的方式来冲击传统美学，80年代无疑是独树一帜的，当时的舆论称她为"英皇道上的皇后"。在今天的时装世界里，反潮流，反传统的理念成为新的时尚主调，她的设计和具有争议性的言论，都对时装界的观念改变带来开启性的影响。

威斯特伍德认为现今社会的过度物质化有碍于人的思考。服装本身是一门艺术，必须有艺术的力量。艺术、文化、历史是她不竭的灵感泉源。从当代文化艺术回溯至16世纪的文艺复兴、17世纪的巴洛克和法国古典主义艺术以及维多利亚时代的英国等等，她的每一款设计都似诉说一个醇厚的故事，呈现沉甸甸的美丽。今天，维维安·威斯特伍德时装表演中热衷的形象是纯女性的，柔情却不柔弱，野性中透着浪漫，性感中夹杂高贵，成熟并有思想，反叛却不仇恨。她悠游于历史和现实之间，远离简洁和现代工业化，醉心于色彩、质地和结构的奇妙结合。

思考与练习

1. 结合当前服饰搭配的流行，分析其个性与流行形成特点。

2. 明确流行与个性的概念、性质。

第六章 服饰配件的点睛作用

学习目标

1. 了解服饰配件的种类。

2. 掌握服饰配件的特点。

3. 学会服饰配件在服装搭配中的运用。

服饰配件是造型的重要组成部分且从属于服装。它可以提升整体形象的美感，在服饰整体美感中扮演着极其重要的角色，起着不可忽视的作用。服饰配件在服装中的修饰与点缀，能使原本单调的服装营造出不同的视觉效果并具有一定美感，能使着装者表现出不同的风格和气质。

由于社会经济的发展，人们生活水平的不断提高，人们的着装文化发生了越来越大的变化，服饰配件也越来越受到人们的重视。因此人们对于服饰配件的运用已不仅仅体现在实用价值上，而是更多体现在服装的装饰效果、艺术风格和着装者的服饰形象上。如何进行服饰搭配，如何体现着装者的身份地位、职业形象、品位修养，成为服装设计师以及着装者所研究和探讨的问题。

服饰配件在服装的流行变迁中始终与服装主体的款式变化相适应，在风格、色彩、材质工艺等方面都与服装主体相统一、相和谐，起到画龙点睛的作用，使服装更具有美感。

服饰配件主要有鞋、帽、首饰、围巾、包袋等物品。其中有一些具有很强的实用性和装饰性，如鞋、帽、围巾、包袋等，但也有一些物品在日常生活中并不具有实用功能，如头饰、项链、耳环、戒指等，它们的使用是为了突出佩戴者的出众之处，吸引人们的视线或突出着装者的某一部位或点明服装的主题。

第一节　鞋帽装点服饰造型

一　鞋帽的种类与特点

1. 帽子的种类

帽子的发展与演变同人类的发展一样经历了漫长的历史。它与气候环境、政治宗教信仰、风土人情有着密切的联系，是服饰搭配的主要物品之一。帽子的种类有很多种，分类的形式也各不相同。帽子可以按材料、用途、款式造型和使用对象进行分类。

（1）按材料分类　是根据帽子的制作材料的不同进行分类。有布帽、呢帽、草帽、皮帽、针织帽等等（见图6-1）。

布帽：布帽质地柔软舒适，适于休闲与户外运动时佩戴。

呢帽：是以高档的呢绒面料为材料，其质地细腻柔软。可以制作冬季的各种帽型。

草帽：草帽是用草制品编织的帽子，一般比较凉爽，适于夏天佩戴。

皮帽：皮帽分皮革帽和裘皮帽两种。皮帽的保暖性非常好，适用于寒冷的季节佩戴。

塑料帽：是塑料经过磨具压制而形成的帽子。适用于特殊职业和场合佩戴。例如：建筑工人在工地上戴的安全帽，骑摩托车时戴的头盔等等。

(a)针织帽　　(b)布帽　　(c)草帽

(d)呢帽　　(e)塑料帽　　(f)皮帽

▲　图6-1　按材料分类的帽子

（2）按用途分类　有工作帽、旅游帽、运动帽、礼帽等（见图6-2）。

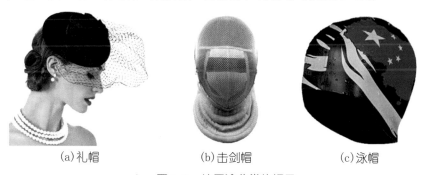

(a)礼帽　　(b)击剑帽　　(c)泳帽

▲　图6-2　按用途分类的帽子

工作帽：包括以安全为目的的安全帽和以职业为标志的职业帽。安全帽是在工作状态下，以保护工作者的头部所佩戴的帽子。如：炼钢工人、建筑工人所戴的防护性安全帽。消防人员所佩戴的防尘帽、防烟帽、防毒气帽等。职业帽是以职业需要为前提，以职业标志为目的帽子。如法官、军人、交通警察、铁路职业人员等所戴的帽子。

旅游帽：是外出旅游观光、考察所戴的帽子。如：太阳帽、草帽、休闲帽、淑女帽等，这类帽子款式造型各异，时尚有个性，轻便舒适。是现代都市人在高节奏的工作之余，外出旅游的必需品。

运动帽：是运动员在特定的环境中从事各类体育运动时所佩戴的帽子。运动帽的设计是以功能性及功效为前提。不同的运动种类需佩戴不同的帽子。如：游泳帽、登山帽、射击帽、击剑帽、棒球帽等。

礼帽：分社交场合的帽式和婚丧喜事的帽式。

社交场合的礼帽一般以呢帽为主，需与正装搭配出席。如果是特别的外交活动，所佩戴的帽式必须遵循国际惯例要求。

婚礼中的帽式是新娘穿婚纱时所佩戴的婚帽，这种帽式有半帽式的，有皇冠式的，有披纱式等等。

丧礼时所戴的帽子在颜色上有严格的要求，一般是黑色的。

（3）按款式造型分类　一般是按照帽子的外部形状来进行命名的。如：钟形帽、鸭舌帽、船形帽、贝雷帽等（见图6-3）。

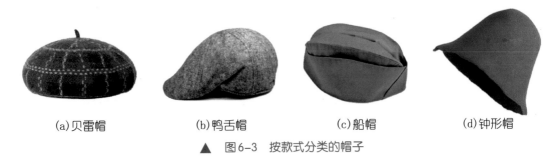

(a)贝雷帽　　　　(b)鸭舌帽　　　　(c)船帽　　　　(d)钟形帽

▲ 图6-3　按款式分类的帽子

钟形帽：外形与吊钟相似。帽身较深，帽檐下倾，一般在帽腰上进行一定的装饰，既可作为礼帽又可作为休闲帽。

鸭舌帽：是最为常见的一种帽型，帽檐在帽子的前端，因帽檐形似鸭舌而得名为鸭舌帽。帽檐长、短的不同形成了帽子的不同款式。如大盖帽、棒球帽等。此种帽式的帽檐具有避风遮阳的功能。

贝雷帽：贝雷帽的外形为无帽檐，帽身大，帽墙边细窄贴于头部，帽顶呈圆形的帽式。一般采用较柔软的面料制作，佩戴的方式比较随意，可与不同款式的服装相搭配。适合不同的季节、不同的性别、不同年龄的人佩戴，是一种人人都可戴的软帽。

帽子按使用对象进行分类：男款帽、女款帽、童帽、老年人帽、情侣帽、少数民族帽等（见图6-4）。

(a)女帽　　　　　(b)儿童帽　　　　　(c)情侣帽

▲ 图6-4　按使用对象分类的帽子

2. 帽子的特点

帽子是现代服饰搭配中的主要物品之一，具有较强的实用功能和审美功能。

帽子的实用功能是在冬天具有保暖的作用，可以保护头部不受寒冷气候的刺激；在夏天可以防晒遮阳，在刮风的季节可以保护头发，在雨天又可以遮雨。

帽子的审美功能主要体现在与服装合理搭配可以改变着装者的心情，可以提升着装者的气质与**魅力**，可以衬托出着装者的社会地位、经济状况和品位修养。

3. 鞋的种类

鞋的发展具有非常悠久的历史，不同的时代、不同的地域文化、不同的地理气候、不同的自然资源、审美观点、政治制度都对鞋的款式造型起着至关重要的作用，因此也就造就了风格迥异的鞋。

随着社会物质精神文明的发展，人们对鞋款式、功能及装饰性要求越来越高，鞋种类也日益丰富。

（1）按材质可以分为皮革鞋、布鞋、草鞋、木鞋、胶鞋、塑料鞋等（见图6-5）。

皮鞋　　　　　　　　　布鞋　　　　　　　　　草鞋

木鞋　　　　　　　　　胶鞋　　　　　　　　　塑料鞋

▲　图6-5　按材质分类的鞋

皮革鞋：通常分为天然皮革和人工皮革，天然皮革是以猪皮、牛皮、羊皮等天然原料所制成的鞋，又有头层皮和二层皮之分；人工皮革则是指仿真皮皮鞋，如人造革、合成革、再生革。

布鞋：即用布料制成的鞋，舒适耐穿易于装饰。如帆布鞋、棉布鞋等。

草鞋：一种以稻草、龙须草为主要材料手工编织而成的鞋，有古朴大方自然之美感。

木鞋：以杨、柳树木材为首选，具备实用功能的同时还兼具了浓郁的地方特色，尤其是以荷兰木鞋最为著名。

胶鞋：以橡胶为鞋底或鞋帮，价格便宜，制作简单，穿着舒适、耐用，水鞋通常采用胶鞋的形式。

塑料鞋：是以合成树脂为主要原料加工成型的鞋，通常以凉鞋和拖鞋的形式呈现。

（2）按功能可以分为休闲鞋、运动鞋、家居鞋、雪地鞋、工作鞋等（见图6-6）。

休闲鞋：是人们在工作之余为了享受高质量的生活方式，从事健身、旅游、娱乐等活动时所穿的鞋。这类鞋款式新颖、时尚、风格多样、色彩丰富，是现代人生活中必不可少的鞋类品种。

运动鞋：是职业运动员在特定环境中从事体育运动时所穿的鞋。鞋的功能因运动项目的

休闲鞋　　　　　　运动鞋

家居鞋　　　　　　雪地靴　　　　　　消防鞋

▲　图6-6　按功能分类的鞋

不同而有所区别，这类鞋要求耐摩擦、不打滑、有弹性和韧性且质地多柔软。

家居鞋：家居鞋是适合室内穿着的鞋，穿着方便、轻松、舒适，如拖鞋等。

雪地鞋：用于冬季户外雪地穿着，防滑保暖。

工作鞋：是从事专项工作时所穿的职业鞋，如消防员的防火防化靴，宇航员的太空鞋，冶金、化工场所所着的安全鞋等。

（3）按使用对象可以分为婴儿鞋、儿童鞋、成人鞋、老年鞋（见图6-7）。

婴儿鞋　　　　　　　　儿童鞋

成人鞋（女款）　　　　成人鞋（男款）　　　　老年鞋

▲　图6-7　按使用对象分类的鞋

婴儿鞋：注重穿着的柔软、透气、舒适性，适合婴儿脚型健康生长，多圆头造型。

儿童鞋：分为男童鞋、女童鞋。风格多样，色彩艳丽，图案丰富，鞋型相对饱满不宜过窄，不宜穿着根部过高的鞋。

成人女鞋：又分为男鞋、女鞋。青年女性偏好于样式新颖独特的款式，成熟男性则更注重品牌与材质；女鞋款式的丰富不亚于女装，造型、色彩、材质丰富多样，风格各异。

老年鞋：以适应老年人的心理、生理需求为主，主要讲求舒适性。

（4）按鞋子的结构可以分为透空鞋、低腰鞋、高腰鞋、筒靴等（见图6-8）。

透空鞋：即前空鞋、侧空鞋或后空鞋。多在夏季穿着。

透空鞋

低腰鞋

高腰鞋

筒靴

▲　图6-8　按结构分类的鞋

低腰鞋：鞋帮高度低于脚踝骨的鞋。

高腰鞋：鞋帮高度高于脚踝骨的鞋。

筒靴：鞋腰高度达到或超过腿肚的鞋称为筒靴。

（5）按季节可以分为凉鞋、夹鞋（单鞋）、棉鞋（厚里鞋）等（见图6-9）。

凉鞋

夹鞋（单鞋）

棉鞋（厚里鞋）

▲　图6-9　按季节分类的鞋

凉鞋：夏季穿的鞋，通风透气。

夹鞋（单鞋）：常在春秋季节穿着，是一种有鞋里或无鞋里的单层鞋。

棉鞋（厚里鞋）：冬季所穿的一种以保暖材料作里子，具有防寒保暖作用的鞋。

（6）按鞋底、鞋跟可以分为无底鞋、平底鞋、厚底鞋、无跟鞋、低跟鞋、中跟鞋、高跟鞋及坡跟鞋（见图6-10）。

无底鞋：是一种只有跟，没有底的鞋，2009年由朱利安·汉克斯首创。

无底鞋

平底鞋

厚底鞋

坡跟鞋

无跟鞋

低跟鞋

中跟鞋

高跟鞋

▲　图6-10　按鞋底、鞋跟分类的鞋

平底鞋：鞋底厚度在 1 ~ 3 厘米的鞋，适合日常穿着，舒适随性，不适宜重大场合。

厚底鞋：是指鞋底前后均一样高且厚度较大的鞋，以女鞋为主，又名"松糕鞋"。

无跟鞋：鞋跟部位并无传统意义上的鞋跟支撑，是一种无鞋跟结构的鞋。

低跟鞋：鞋后跟小于3厘米且为独立后跟的鞋。

中跟鞋：鞋后跟在3 ~ 5厘米的鞋子，是白领女性的首选。

高跟鞋：鞋后跟在5 ~ 8厘米的鞋子，更能增加女性的风韵。

坡跟鞋：坡跟鞋也属于高跟鞋，但其前脚掌下也有一定厚度，后跟顺沿至前鞋底脚心处位置无中断。

4. 鞋的特点

鞋具有保护脚的功能。

鞋可以造就优美形体。鞋后跟的增高能够调节身体的比例，使下肢加长，改变人的整体形象。

鞋可以提升衣装的服饰品位，为外表添彩。鞋比起其他服装配饰来，更能透露出着装者的品位与水准，也更能反映出着装者的自我形象。

二　鞋帽装点服饰造型

鞋帽在整体服饰搭配中属于配角，是整体服饰的局部，但与整体是相互联系、相互作用的。帽子与鞋子就其本身来说其含义是有限的，然而将它按照一定的搭配原则，与着装者构成整体关系时，就能表现出其完整的且具有独特风格品味的服饰形象。

1. 帽子装点服饰造型

帽子是时尚的风向标，除了保暖舒适、防晒遮阳的实用功能外，具有更强的装饰性。帽子有很多种类，色彩也比较丰富，不同材料的运用又赋予帽子不同的风格。因此，帽子在与服装搭配时要注意三个统一。第一，帽子与服装款式风格的统一。帽子是附属于服装的。某种风格的服装必须搭配相同风格的帽子，只有这样才能达到着装整体美的效果，否则会弄巧成拙。如：身着休闲服装，便可佩戴活泼随意的、色彩鲜艳的太阳帽、运动帽、贝雷帽；身着时尚款式的呢大衣，则要佩戴一顶做工精致的淑女帽，才能显示出高雅的气质。第二，帽子与服装色彩的协调统一。虽然现今社会服装潮流趋向多元化、个性化，但服饰色彩的搭配上还是强调协调统一的，帽子的色彩是服装色彩的重要组成部分，不应将它孤立地对待，而应将其放入到服装配色的整体中去，统筹考虑。帽子的色彩与服装色彩的搭配一般采用的方法有：同类色搭配，同类色的组合是较为常用的，一般容易取得和谐统一的效果；类似色搭配，类似色组合在一起既富于变化又易于协调，会给人活泼的感觉；对比色搭配，对比色的组合效果强烈、醒目，但在使用上一定要慎重，如果处理不当则会产生杂乱、粗俗的感觉。第三，帽子与服装材质的协调统一。帽子与服装配套，除款式风格和色彩外，材质的协调也是服饰达到整体和谐美的重要因素。因此帽子的质地应与服装的质地相协调。如：丝、麻等坠感很强的服装，在帽子的搭配上也应是选择柔软的或同类质地的帽子；社交礼仪场合的服装材质高档、做工考究，与之搭配的帽子也应该具备高档的材质和考究的工艺；穿有皮夹克牛仔裤的套装佩戴皮帽能透出人的干练与潇洒。穿素色连衣裙的少女戴上遮阳草帽在夏季既能抵挡暑气，还能给人一种乡土情趣的朴素美感。

在帽子的选择搭配上除了要遵循上述与服装主体的关系外还要注意其与佩戴者体型、肤色、脸形的联系。

一般而言，体型高大者适合偏大的帽子，否则会产生头轻脚重的感觉；身材瘦小者则适合偏小的帽子，否则会让人觉得头重脚轻。个子偏矮的女性不适合带平顶宽檐帽；个子高的则不适合戴高筒或直尖的帽子。脖子短的人不要选色彩艳丽的帽子等。

在肤色方面，皮肤灰白的人比较适合纯度不高的颜色，如玉白、浅蓝、橄榄绿等中间色；皮肤嫩白的人可选择性就比较多，但由于自身肤色白，在选择帽子时尽量避免接近白色或纯白的颜色；肤色红润的人选配帽子时色彩范围也较广，能够与很多色彩相协调；黄皮肤的人不宜配黄、绿色帽子；黑皮肤的人在选戴色彩鲜艳的帽子时需注意服饰整体效果。

最后是帽子和脸形的搭配，人的脸形基本可分为蛋形、长形、圆形、三角形、方形等。脸形胖的人不适合戴小的圆顶帽，帽檐较宽的鸭舌帽则比较合适一些；长脸形的人在选择帽子时应尽量选择能使脸部看起来变短的帽形，因此宜选平顶宽帽檐浅帽，不宜戴尖顶帽或高筒帽；三角脸形与方脸形不够圆润，脸部线条过于硬朗，因此需要选择线条柔和、女性味足的曲线造型帽子如圆形帽，不适合戴方形等直线廓形的帽子。

2. 鞋与服装的搭配

一套很美的服装如果没有一双与之呼应的鞋相配的话，就会给人的整体美带来几分缺憾。鞋和服装的搭配关键在于两者之间款式、色彩、质地的相配。首先是与衣服款式风格的统一，比如搭配休闲装，就穿一双休闲的帆布鞋既轻便又舒适（见图6-11）。又如身着西装，脚上却穿双旅游鞋，会使人感到不伦不类，搭配皮鞋才会比较和谐（见图6-12）。近年来风格迥异的服装层出不穷，鞋的造型也随之变化，也由原来比较单一的形式向圆头、尖头、方头或有根、无根、有底、无底等各式造型发展。其次是二者色彩的协调，鞋的颜色与服装的颜色相同或相近比较好，穿起来显得协调雅致。或者选择黑色的鞋子，因为它属于万能色，与各种颜色的服装相配都较适合。最后在选择所要搭配的鞋时还应注意与服装材质的配套。譬如身着人造棉服装，配一双富浪漫色彩的细跟、尖头皮鞋，以显得优美。

▲ 图6-11　休闲装搭配帆布鞋

▲ 图6-12　西装搭配皮鞋

第二节　包与服装的整体关系

一　包的分类与特点

　　包是人们出门时随身携带以便盛装物品的服饰配件。包的体积大小不等，多采用软性材料制作。

1. 包的分类

　　包的种类比较多，分类的方法也不同，可以按材料、功能、用途、携带方式分类等。

　　（1）按包的材料分类　以包袋的制作材料来进行分类。如真皮包、PU包、PVC包、布包、草编包、编织包等（见图6-13）。

真皮包　　　　　　　　PU包　　　　　　　　PVC包

布包　　　　　　　　草编包　　　　　　　　编织包

▲　图6-13　按材料分类的包

　　① 真皮包：一般采用动物的皮毛制成，如牛皮、鳄鱼皮等。皮包的款式新颖别致，是包类别中的高档品种。

　　② PU包、PVC包：由PU和PVC制成的包，俗称人造皮革包。此包款式较多，时尚感强，包体可大可小，颜色、装饰多变。

　　③ 布包：指用各种布料制作成的包。如：牛仔包、帆布包、花布包等。属于旅游休闲时携带的包。

　　④ 草编包：是以植物的叶或茎等材料编织而成的包。

⑤ 编织包：采用丝光线等材料编织的包。

（2）按包的功能分类　是以包盛装的物品来进行分类。如旅行包、化妆包、钱包、钥匙包、相机包等（见图6-14）。

化妆包

旅行包　　　　钥匙包　　　　钱包　　　　相机包

▲ 图6-14　按功能分类的包

① 旅行包：用于旅行时存放日常用品。款式造型多样，包体较大，有提把和背带便于携带。

② 化妆包：用于存放女士化妆用品。包体分小化妆包和大化妆包两种。小化妆包主要放置日常基本的化妆品，一般放于随身携带的包中。大化妆包主要放置化妆用品和护肤品，包体一般采用硬性材料制成，包内有专用格档以便分区放置不同物品。

③ 钱包：用于装钱和信用卡等物品的专用包。

④ 钥匙包：用于装钥匙的包。可别在裤带上或放在随身携带的包内。

⑤ 相机包：用于存放照相器材的专用包。包体采用较硬挺的材料制作，包内有隔板，以免器材互相碰撞受损。

（3）按包的用途分类　以包袋的使用场合及放置物品分类有公文包、书包、时装包、晚装包、运动包等（见图6-15）。

公文包　　　　书包　　　　时装包

晚装包　　　　运动包

▲ 图6-15　按用途分类的包

① 公文包：是公职人员工作时携带的包。内层较多，可以分门别类地放置各种文件、资料。公文包外观简洁大方，无过多装饰。

② 书包：是学生们上学装书和作业本用的包。一般分为双肩背包和单肩背包。包体的大小和色彩因学生的年龄不同而有所变化。如小学生的书包，包体较小，色彩鲜艳醒目，包体上还印有各种装饰图案。中学生书包，包体较大，色彩一般较为素雅。

③ 时装包：时装包时尚新潮，包体大小不一，造型、结构多样，色彩丰富，注重与服装的整体搭配，是女士上班、访客、外出必带的包。

④ 晚装包：是女士出席正式的社交场合所用的包。此包装饰性大于实用性，包体小巧，精致华贵，与晚装整体服饰配合起协调、烘托的作用。

⑤ 运动包：用于户外活动或体育运动时的包。

2. 包的特点

包的特点有装饰性和实用性两个。

（1）包的装饰性　包袋是服饰搭配的重要物品。已由原来单纯的实用型向体现自身品位和个性、装点服饰整体美感的流行趋势转化。包与服装的和谐搭配，能够提升着装者的整体形象。

（2）包的实用性　包袋是人们生活中必不可少的物品。种类繁多，功能齐全。既可存放个人物品，还可以存放公文资料。

二　包与服装的协调统一

包是每个女性不可或缺之物，一款合适的包，是彰显个人风采的有力法宝。包已由单纯的实用性转化为既能体现着装者的品位和服饰的整体美又具有实用功能。包的款式多样色彩丰富。黑色包高贵、优雅、神秘、性感；白色包清朗、安宁。这两种颜色包同属万能色，可与大部分服装相配。灰色、咖啡色、米白则稍显成熟、知性，可搭配的服装基本色有暖色、黑、白、灰蓝。红、黄、蓝、绿色包，色彩比较艳丽，可与互补色的服装相配，形成撞色的美感。粉色包较温柔可爱，适合搭配浅色系的服装（如图6-16）。包与服装在搭配时除注意色彩关系外，还要考虑季节、场合的因素。如：在社交场合，职业女性所携带提包的色彩要与季节、服装、场合相协调，应选用质量较好的、肩带式的细带皮包。参加宴会的话，包袋应该和礼服和谐搭配。造型别致、高贵典雅、做工精良的礼服，所采用的包常常能表达出主人独特的品位和个性，能给人留下美好的印象。因此高贵、典雅、造型简洁的蛇皮、羊皮做成的名贵小包都是与礼服相搭配的首选（见图6-17）。外出旅游时身着休闲服装所搭配的包大多是双肩后背或斜背挎包。身着牛仔装、运动衫时应选择潇洒的帆布包。

不论包的种类有多少种，款式造型、色彩有多么丰富，采用何种材质、何种工艺，在与服装搭配时关键的是包的造型风格要与所配的服装、鞋、帽等风格相统一、相协调。只要认真地选择搭配，才能寻求到最佳的表现效果。

▲　图6-16　粉色包搭配浅色系服装

▲　图6-17　礼服和手拿皮包的搭配

第三节　服饰图案的和谐运用

一　服饰图案的特点与种类

　　服饰图案是用于服装以及配件上的具有一定图案结构形式，并经过夸张、变化、象征、寓意等抽象的艺术形式而定型的装饰图形和纹样。具有美化、表意、点缀、烘托、充实造型、显示品位、创造风尚的作用。服饰图案在服饰搭配艺术中不仅是服装的眼睛与亮点，同时也是服饰艺术中的重要组成部分，是服装不可缺少的艺术语言。

1. 服饰图案的特点

　　服饰图案是人类物质文明与精神文明相结合而产生的一种艺术形式，是实用功能与审美功能的统一。服饰图案除了具有图案的一般特性，即审美性、功能性、工艺性、装饰性等，还具有其独立的特性。

　　服饰图案作为图案艺术的一个分支，有着自己特定的装饰对象，所表现的主体是人。因此，服饰图案又具有塑造形象、传达信息、体现时尚、表达情感、展示个性等功能。

　　（1）塑造形象　　在21世纪的今天，人们越来越注重个人形象的塑造。因为这已不仅是个人私事，而且是为了满足塑造一定的社会形象而进行的行为。满足别人的眼光，带给他人心理上的愉悦和视觉的享受进而提高自我认同感，这正是服饰图案审美性的体现。服饰图案在塑造人的视觉形象时会因其不同的色彩、不同的造型结构或运用在不同的服装及服装各部位之间的比例、位置上所产生的不同效果，而使着装者表现出不同的气质和个性。服饰图案的美感体现的是服饰形式和气质的和谐统一。

服饰图案不仅能对服装起到装饰、点缀的作用，还能使单调的服装产生层次的变化、格局的变化和色彩的变化，使着装者更美丽。同时服饰图案还能够修饰人体的不足，弥补失调的人体比例，掩饰或夸张人体某部位的特征。如肩部、腰部、臀部、上下身比例、胖、瘦等。使着装者与服装更有魅力并产生和谐的视觉效果。

（2）传达信息　由于社会经济及生产技术的不断发展，信息的传播速度及传播方式的不断改进，服饰图案作为视觉传达的一个载体，承载起越来越多的文化内涵，在服装的应用中也达到了前所未有的程度。这主要表现在服饰图案的宣传性和服饰图案的标示性上。

①　服饰图案的宣传性：服装穿在人身上，随着人的不断活动，服装也可以在不同的场合亮相，服装上的服饰图案便可产生出非常特殊的广告宣传效应。如2008年奥运火炬传递，人们身穿绘有祥云图案和奥运徽标的T恤为奥运加油。赞助商也不失时机地在绘有奥运徽标的T恤上打出企业的名称来宣传自己。

以服饰图案作为广告宣传的载体，把企业文化、经营理念设计成一个整体图案，装饰在T恤衫、职业制服、夹克衫等服装上，已成为各大公司、企业集团宣传企业形象、产品品牌必不可少的手段之一。

②　服饰图案标示性：服饰图案的标示性主要体现在着装者的职业身份和服装的品牌上。如警察、军人的徽章，公交司机制服上的标志，运动员队服的图案，航空、海运工作者的标记，名牌服装的标志图案等，这些图案具有醒目、整体、简洁、易识、易记的特点。人们通过服饰图案标识的视觉传达来完成信息的传递任务。

（3）体现时尚、表达情感　服饰图案具有灵活的应变性和极强的表现性，能够及时、鲜明地反映人们的时尚风貌、审美情趣、心理诉求、情感表达和情绪宣泄。服饰图案的自我表述能力及自身独特的情感特征，使现代社会人们在追求个性解放和自由时能得到独特的发挥。例如，这几年流行在街头上的文化衫，便是人们在特定时期、特定环境、特定的文化背景下对自我情感的一种张扬。服饰图案以口号、标语、图案的形式将现代社会中人们的喜、怒、哀、乐生动地勾勒出来。

2. 服饰图案的种类

服饰图案所涉及的范围相当广泛，包括的内容也很丰富，常见的种类有：动物图案、自然气象图案、器物图案、几何图案、人物图案等。服饰图案的形态有立体图案和平面图案。

（1）服饰中的动物图案　在现代服装中以动物形象为服饰图案已得到广泛的应用，有家禽、家畜、虎、豹、飞鸟等，这些动物图案常以夸张、变形的手法显现于服饰图案中，使服饰图案更丰富、生动，更具有视觉的冲击力（见图6-18）。

（2）服饰中的自然气象图案　自然气象图案包括：空中的祥云、森林中的树木、盛开的花朵等。这些图案与纹样无论古代还是现代作为服饰图案在服装上的运用一直处于统治地

▲　图6-18　服饰中的动物图案

▲　图6-19　服饰中的自然气象图案

位。如2008年奥运会上中国运动员的服装以祥云为服饰图案装点服装（见图6-19）。

　　（3）服饰中的几何图案　几何图形一般为方形、圆形、三角形、菱形、多边形等形式。经过人们对这些图形加以艺术性、创造性地发挥而形成抽象几何图形。抽象几何图案在服饰中的运用所创造出的效果是超凡脱俗、与众不同的，如蒙德里安风格的服饰（见图6-20）。

　　（4）服饰中的人物图案　人物图案是以人物形象为原型，进行夸张变形，常以卡通图案的形式出现在服装上，但近几年由于动漫影视的迅速发展，带动了相关的动漫产业，作为动漫人物形象的图案在服装中的运用越来越多，成为服饰人物图案的又一亮点（见图6-21）。

▲ 图6-20　服饰中的几何图案

▲ 图6-21　服饰中的人物图案

二、服饰图案在服装中的和谐运用

　　服饰图案在服装中的和谐运用可以展现人们的审美意识，传达人们的时尚观念、突出着装者的服饰形象、增添服饰的艺术魅力，满足人们的审美需求和情感上的愉悦。

　　服饰图案在服装中的运用必须遵守TPO原则才能构成和谐的关系，TPO是指时间、地点和场合，是着装行为中必须考虑的因素。服饰图案的运用必须根据着装者所处的不同的时间、地点、场合采用不同的图案，如社会、时代、民族、文化教养等。只有处理好这些相关的因素才能达到服饰图案的和谐统一（见图6-22）。

图6-22　服饰图案在服装中的正确应用（其中最左边的图为郝莹作品）

1. 服饰图案在家居生活装中的应用

家居生活装是指工作以及社交场合以外的在家庭范围内所穿的服装。包括便装、睡衣等。此类服装造型宽松、穿着随意，装饰图案也比较简洁，色彩比较明快。比如睡衣图案大多以条格、印花为主，或在同色面料的服装上点缀绣花图案及手绘图案，并加以抽褶、花边、绣花工艺手法，营造出温馨的家庭气氛。

2. 服饰图案在休闲装中的应用

休闲是一种生活方式，是在业余时间闲散状态下的自我放松。因此休闲时所穿服装比较随意、舒适、放松、便捷。款式造型十分自由，图案的表现形式与风格相当广泛，色彩明快、清新。图案的运用一般在前胸、后背、袖子、腿部、下摆等处。常以对称或不对称、散点或连续等形式出现。休闲服装的图案运用既装饰了服装，又满足了人们张扬的个性，同时也迎合了人们在休闲状态下的轻松心情。

3. 服饰图案在职业装中的应用

职业装的功能是把着装者带入一种工作的状态，使其适应这种工作性质，并向社会表明着装者的职业和责任。服饰图案在职业装上运用的面积比较小，常以点和线的形式出现，如徽章、标志性的图案等。职业装服饰图案的造型比较简洁，色彩比较明快。在图案纹样中把职业的文化、职业的约束、职业的指示性等内容经过艺术提炼与设计，运用到服装上的不同部位，如领角、前胸、袖子等，从而使服装具有职业特征。如交通民警的服装、餐饮业的服装、民航制服等。

4. 服饰图案在运动装中的应用

运动装可分为日常生活运动装和职业运动装，日常生活运动装是在户外运动状态下的服装。如郊游、登山所穿的服装，款式造型简洁、宽松舒适。职业运动装是职业运动员在特定的环境中从事各类体育运动时所穿的服装。服装的造型与图案根据运动项目的不同有所差异。如：游泳、体操要求的是服装的合体。武术、摔跤要求的是服装的宽松、舒适及活动方便。运动装的图案造型简洁、流畅，具有动感，多以抽象几何形为主，色彩纯度高，对比强烈，有较大的视觉冲击力（见图6-23）。

▲　图6-23　运动装中的服饰图案

5. 服饰图案在礼服装中的应用

礼服包含晚礼服、婚礼服、团体形象礼服等。为了适应不同的场合、不同的环境，礼服在图案的运用上也有所不同，如：晚礼服一般由刺绣、珠片、宝石等饰物组成图案，面积的大小及图案的形式一般根据服装的风格来确定，图案的装饰部位非常讲究，所表现的是服装的奢华。婚礼服图案的色调柔和，运用在服装上主要是表现着装者的优雅与高贵。团体形象礼服具有渲染主题、烘托气氛、在公众心目中树立形象的目的，图案设计一般根据活动的主题而定。

6. 服饰图案在儿童服装中的应用

儿童正处在智力、身体的发育期，服饰图案在童装中既可装饰童装又可开发儿童的智力。因此童装中的服饰图案大多是以夸张的形式、拟人的手法塑造形象。如：变形的花朵小树、卡通动物、卡通人物、动漫人物等。图案多采用清新、明快的色彩。

第四节　发型与化妆的烘托

发型和化妆从严格意义上讲并不符合服饰配件的定义。这是因为它们不属于与服装搭配的物品。但由于发型的可塑性和化妆色彩的可变性，在迎合服饰整体风格、服饰整体色彩中起着非常重要的作用，成为服饰形象设计的组成部分。因此人们也往往把它们列入了服饰配件的范畴。

一　发型的特点

发型是指头发的造型艺术，是由线条组合而成的形态，具有可塑性强，提升形象气质，修饰脸型的特点。

（1）发型具有可塑性　发型的可塑性体现在三维空间设计上，具有一定的独立性。根据服饰的要求及人物的发质设计出各种造型，使之与服装相配套相协调。如束发、辫发、盘发等。

（2）发型可以改变人的形象与气质　发型与服饰、身高、脸型相协调，可以突出人的气质，增加整体美感。如：优美的卷发能够充分展示女性特有的气质，长直发突出女性的风度。

（3）发型可以弥补修饰脸形的不足　发型具有弥补修饰脸部的作用。如将头发进行修剪，使其具有层次，可以弥补脸形的不足。特别是中长直发可以用脸部两侧头发覆盖颧骨线，使宽脸产生一种变窄的视觉效果。

二　发型与服装的统一

 1. 发型的种类

发型的种类有很多，按发丝的长短可分为短发、中长发、长发；按发丝的造型可分为卷发、直发和束发等。

（1）按发丝的长短分类

短发：短发的形式多样，有直短发和卷短发，根据不同的发型进行有层次的打薄与修整，多体现干练、清爽、前卫的现代女性风格。

中长发：发丝长至肩部左右，可塑性较短发丰富，可直可卷，风格多样。

长发：发丝长至肩部以下，能更好地营造出女性气质，或清纯温婉或优雅浪漫。

（2）按造型分类

卷发：通过化学制品的作用使发丝产生弯曲，卷发给人一种柔软、蓬松之感，具有浪漫的气息。

直发：直发看似简单，但其造型形式多样，有圆弧形、月亮形以及对称和不对称式等，直发还有拉长脸型的作用。

束发：此类发型可简可繁，大体分为生活型、晚宴型、新娘型，如马尾辫、盘发等，适用于中长发和长发。

总而言之发型的设计是长度与造型的结合，二者缺一不可。完美的发型才能更好地衬托着装者的品位气质（见图6-24）。

卷形长发　　　　　束发　　　　　直长发　　　　　短直发

▲　图6-24　不同长度和造型组合而成的发型

 2. 发型与服装的统一

发型能够表现一个人的精神面貌，反映着一个人的气质。在不同的时间、地点、场合要根据不同的服饰要求梳理成不同风格的发型。发型是为服饰服务的，只有迎合了服装的风格、色彩，才能真正达到完美的效果。

在商务活动中的着装一般是半正式服装。服饰的搭配讲究的是自然、简洁、和谐，配饰不多。发型的梳理应是简洁大方，不可过于花哨。可根据着装者的脸型设计短直发、卷发或束发等。

身着高贵典雅、色彩亮丽的礼服参加晚宴时，将头发梳理成盘发造型，能够烘托服饰的华丽，衬托出着装者的高贵形象。

休闲是在业余时间闲散状态下的自我放松。因此休闲时所穿服装比较随意、舒适、便捷，款式造型十分自由。在身着休闲装时，可把发型梳理成比较随意的、具有个性化的风格。

对时装发布会上的创意服装，化妆、发型都尽可能地迎合其设计理念，以创意的形式、夸张的手法表现服装的内涵，突出服装的整体效果。

发型与服装在选择上必须与着装者的职业、环境、气质、修养、审美需求相协调，才能表达出着装者的现代时尚美感。

三、化妆的功能

人类对美的追求，源于人的天性。从古到今人们一直在孜孜不倦地寻求着美，享受着美。化妆便是通过美化容貌来体现人的不同的气质与个性。

1. 化妆可改善人的气色

化妆是运用色彩在人的面部进行绘画性的设计，是形象设计的一个组成部分。一般在面部用粉底霜进行涂抹，以掩盖脸部的瑕疵，改善脸部的颜色，使其面部白皙有光泽、明亮而柔和。腮红的使用可以在视觉上重塑脸部的形态，使面部红润健康。

2. 化妆具有修饰五官的作用

（1）眉毛的化妆　眉毛的化妆可以掩饰脸形的不足，可以在视觉上改变脸部的长度与宽度。不同的眉型会给人不同的感觉。通过对眉形的修饰能表现出人的不同风格与气质。

（2）眼部的化妆　眼睛是面部的核心，也是化妆修饰最重要的部位。通过运用眼线、眼影和睫毛等对眼部的化妆，可以扩张眼廓，使眼形变大，眼神变得深邃，增加眼睛的魅力。眼部化妆的色彩有很多种，可以根据不同服装的款式、色彩来进行选择，并与之相配合，使其协调。

（3）鼻子的修饰　鼻部的化妆主要是在视觉上改善鼻子的外形，强调鼻子及面部的立体感。

（4）唇部的化妆　唇在人的面部是表情最丰富的部位，它的形廓与色彩直接影响到整个妆面的效果。通过对唇部的化妆可以使嘴唇更加柔软丰满并具有立体感，同时也使面部的色彩更加丰富。

3. 化妆可以提升人的自信心

在现代生活中，人与人的交往已成为生活中的重要活动，充满自信、积极向上的精神状态能够为人际交往带来方便。化妆可以掩盖脸部的瑕疵，改善人的气色，使面部白皙有光泽，可以修饰五官，增加人的美感，提高人的气质，增强人的自信心。

四、化妆烘托服饰造型

服装是一门艺术，化妆则是采用与服装不同的表现形式与方法烘托所要表达的服饰主题。化妆与服饰是一种从属的关系，化妆前首先要确定服装，再根据服装的造型、风格、色彩以及着装者所要出席的场合、时间、地点来进行妆面的设计。只有恰如其分地掌握和运用好化妆与服饰色彩、风格等的关系，才能达到营造服饰氛围，烘托整体形象，提升着装者的气质的目的。

1. 化妆与日常装

日常装是人们在日常生活及工作中穿着的服装，它是一种半正式的服装。在服饰搭配上讲究的是自然、简洁、和谐，配饰一般不多。化妆则要讲究整体效果，不仅面部的各个局部颜色、质感及线条要协调统一，还必须与发型及服饰相协调。因此，在面容的装扮上应根据着装者服装色彩、款式、风格、发色及着装者所处的场合综合考虑，为了达到服饰色彩和妆容色彩的协调统一，可选取服饰中的主要色彩作为妆容的主色调，如果是有花纹图案或是由几种颜色搭配的服装，也可选用其中任何一种或两种色彩作为化妆的颜色，使妆面与服装能够相呼应。日常装一般采用清淡的装扮，只需对面容进行轻微的修饰与润色即可。主要是为了突出面容的自然美，达到人与服装的和谐统一（见图6-25）。

2. 化妆与礼服

礼服分为社交礼服、晚宴礼服、婚礼服。不同的场合，对面容的装扮有不同的要求。恰如其分的装扮能够衬托服装造型，营造环境气氛。

出席商务型宴会要穿着社交礼服，在着装上不仅表现着装者的风貌，更重要的是代表着公司的形象。因此应表现为端庄优雅、稳重大方。妆容较日常妆应浓艳些，注重眉毛造型及眼影用色，突出眼睛的神采。腮红与唇色可选用服饰中的主要色彩。服饰、唇膏的颜色用同色系能够产生优美感，运用相反色系可产生轻快、活泼之感。

晚宴礼服是参加晚宴时所穿的服装，其造型别致、高贵典雅、做工精良，具有极强的艺术美感。由于晚上的宴会场合一般是在灯光下，因此，妆面要浓重鲜艳，色彩搭配协调，明暗对比略强。烘托服饰的华丽，彰显女性高贵迷人的魅力（见图6-26）。

婚礼服分中式婚礼服与西式婚礼服。

中式婚礼服一般体现新娘的端庄、古典、喜庆。以旗袍及中式礼服为主，色彩一般为红色，象征喜庆、吉祥。在化妆上以白为美，白皙度高的粉底作为底色，腮红浅淡柔和，口红选用正红色的唇膏和唇彩以便与服装色彩相统一协调，从而烘托出喜庆、妩媚的新粮形象。

西式婚礼服以白色婚纱为主，以示真诚和圣洁，表现新娘活泼可爱、纯洁浪漫的娇美形

▲ 图6-25 清淡的妆容与日常装搭配　　　　▲ 图6-26 浓重的面妆与礼服的搭配

象，在化妆上讲究的是自然柔美、清新明快。腮红可以选用桃红或橘红色。唇部用唇彩以营造出光泽透明的感觉，使新娘具有艳丽动人的风韵。

3. 化妆与职业装

职业装是把着装者带入一种工作的状态，并向社会表明着装者的职业和责任。由于职业的不同，对服装造型、色彩、面料的要求也不相同。很多职业装在设计上加进了一定的流行元素，使其具有时代风采。作为职业工作者应有健康、自信的状态，在化妆上应体现职业女性的品位、气质以及优雅风格。妆容不可过分艳丽，应以淡雅、简洁为主，重点强调眉眼部的化妆，突出整洁稳重、自然清纯的美感。

4. 化妆与时装

时装是短期内人们对美、对新、对奇的探索与尝试在服饰上的反应。所体现的是与众不同前所未有的一种形式。时装的款式多样，趋于变化。在化妆与时装相搭配时，要抓住服装整体的印象及服装的个性特征，然后决定化妆的风格及色彩。例如，服装是印花图案的，则唇膏颜色可选印花中的主要色彩。时装、唇膏的颜色用同色系可产生优美感。橙色和浅花色浓淡搭配的时装，化妆的色彩应选择：橙色唇膏，褐色眼影，形成服饰的华丽感。上衣芥末色，下装草黄色的搭配，眼影可选绿色系列，口红则可用铁锈红色或橙色作为衬托。灰色时装可配明亮粉红的唇膏，眼影选玫瑰粉红，以衬托出着装者高贵及柔和美。

通过化妆可以看出一个女人自我经营的细心以及敬业态度。妆化得得当，可以引导别人的观感，展现个人魅力。

第五节　首饰配件的点睛作用

 一　首饰配件的分类与特点

服饰搭配离不开首饰的点缀，首饰在服饰整体形象中具有锦上添花、画龙点睛的作用。首饰在服装中的合理运用可以提高着装者的品位，美化着装者的服饰形象。

1. 首饰配件的分类

由于首饰的种类繁多，样式各异，因此分类的方法也很多。最常用的分类方法是以具体品种和材质来进行分类。

首饰按佩戴部位可分为戒指、耳环、耳坠、项链、胸针、胸花、手链、领带夹、袖扣等（见图6-27）。

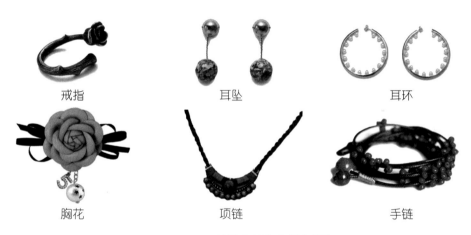

戒指　　　　　耳坠　　　　　耳环

胸花　　　　　项链　　　　　手链

▲　图6-27　按佩戴部位分类的首饰

（1）戒指　戒指是装饰在手指上的珠宝饰品，戒指除了装饰的作用外，还有更多的寓意。如：结婚戒指象征着爱情的永恒，订婚戒指是爱情的信物，毕业戒指记录着人生的转折等。戒指的款式造型丰富多彩。材料有黄金、白金、银及镶嵌的各种宝石。

（2）耳饰　耳饰是装饰在耳垂上的饰品。耳饰分耳环和耳坠。耳环是将环形饰物穿过耳垂，进行耳部装饰。耳环的造型大小不一，有精致小巧的耳环，也有粗犷的大耳环。耳坠是从耳垂部向下悬挂的坠饰。耳坠造型丰富、装饰华丽，有水滴形、心形、梨形、花形、串形、链式等。材料有金、银、琥珀、玛瑙、翡翠、钻石、水晶、玉石等。

（3）项链　项链属于颈部上的装饰物。品种较多，有金、银项链，各种宝石项链，珍珠项链等。在规格上长度不等。项链坠饰为宝石及各种金、银。坠饰的外部造型一般为心形、动物、字母、宗教标志等。

（4）胸针　背面有别针能装饰在胸部的饰品称为胸针。胸针具有点缀和装饰服装的作用。其造型别致，设计巧妙。材料多为黄金、白金、白银、珍珠、彩石等。

（5）领带夹　领带夹是男士的重要饰品，既有装饰作用，又具有实用功能。起着固定领带的作用。

（6）袖扣　袖扣是男子衬衣袖口上必备的服饰配件。袖扣的造型样式较多，有方形、圆形、菱形、几何图形等。

首饰的材质纷繁多样，如树脂、亚克力、金属、木、兽骨、琥珀蜜蜡、珠宝玉石等。其中以金属类与珠宝玉石类最为典型。

金属类：此类首饰所用的材料及其品质也不尽相同，高档金属如金、铂、银等；低档金属如铜、铁、铝等（见图6-28）。

银项链黄金手链　　　　　　铂金戒指　　　　　　　银项链

▲　图6-28　金属类首饰

珠宝玉石类：此类首饰的原材料丰富多样，如钻石、珍珠、玉、石等（见图6-29），能够被选用于高档首饰的材料要具备美观、耐用和稀少三个条件，还要符合以下几个特点：

① 色彩要艳丽美观，如天然具有白、绿、红、黄、蓝、紫等色调。

② 质地要纯净，譬如钻石、红宝石、蓝宝石等。

③ 透明度要高（也有不透明），比如翡翠、天然水晶等。

④ 光泽感要好，主要表现内部透射和折射的效果。

⑤ 部分材料还要具有高强的硬度便于加工切割，如钻石。

翡翠镯子　　　　　　钻石戒指　　　　　黑珍珠项链　　　　蓝宝石戒指

▲　图6-29　珠宝玉石类首饰

2.首饰配件的特点

（1）首饰配件具有从属于服装的特性。首饰配件是构成服装的整体美以外的物品，它在服饰家族中处于明显的从属地位，是服饰行为中最后一个阶段所考虑的问题。在确定服饰的主导作用后将发型、化妆等因素进行综合考虑，然后再运用首饰配件。

（2）首饰配件具有装饰作用。人类对美的追求是首饰配件存在的依据，首饰的运用不仅注重形式上的美，更注重个性、品位与修养的体现，首饰在服饰整体形象中具有锦上添花、画龙点睛的作用。

（3）首饰配件具有记载愿望、传达信息的功能。首饰配件是人们传达心中特定意念的一种语言，可以传递出不言而喻的信息，表达某个阶段的情感。如：结婚戒指传达永恒的爱情等。

二　首饰配件与服饰的搭配原则

首饰配件与服饰搭配是一门艺术。若二者搭配得当则相得益彰，反之则会破坏整体形象。因此在选择所要搭配的首饰时一定要注意它与人体的协调性，与服装风格的统一，与服装色调的呼应以及各部位首饰之间主题的一致。另外，在一般情况下全身的首饰不宜超过三件，除非参加宴会。

除上述所说的原则外，首饰与服装的搭配还要遵循TPO原则，TPO分别是英语中Time 、Place 、Occasion三个单词的首字母，意思是时间、地点、场合。TPO原则是世界通行的着装打扮最基本的原则。力求的是服饰搭配的和谐之美。因此首饰配件与服饰搭配应该与当时的时间、所处的场合和地点相协调。

1. 时间

时间可以指白天、晚上或季节；也可以指工作时间、娱乐时间、社交时间。时间的不同对首饰搭配的要求也不同，早晚光线的差异以及季节冷暖的形成，对自然环境都造成一定的色彩差异，这些都会影响到首饰配件与服饰搭配的效果。根据不同的时间、季节，灵活掌握运用首饰能够提升服饰整体形象。如：晚宴，时间是在晚上，有灯光照射，着装一般是华丽的晚礼服，在首饰搭配上应选择那种能在灯光下闪烁，镶嵌各种宝石或钻石，具有华丽、庄重感的珠宝饰物，这样才能凸现着装者的高贵气质。

首饰在服饰搭配中的作用，不只是为了显示珠光宝气，而是对整体服饰起到点睛的、浓缩的、扩展的作用，能够增强服饰整体的节奏感和层次感。首饰的运用是跟随着服饰的季节变化而变化。如春夏季服饰一般是轻薄面料的衣裙，色彩淡雅。在首饰的搭配上可选用精致、小巧的首饰。秋冬季着装色调浓重，可选用庄重、典雅的以衬出毛绒衣物的温暖与厚重。

2. 地点及场合

地点及场合是指不同的地点、不同的环境、不同的氛围。如社交场合与地点、工作场合与地点、休闲场合与地点等。把握不同场合的服饰要求，进行得体的首饰搭配，能在各种场合中建立自信，赢得他人的好感，增添成功的机会。

（1）社交场合与地点　社交场合分为商务社交场合、晚宴场合、婚礼场合等。到不同的地点出席不同的场合，对服饰的要求各不相同，因此与服饰相搭配的首饰也必须随着服饰的变化而变化。如商务型宴会在着装上不仅是表现着装者的风貌，更重要的是代表着公司的形象，所以着装表现为端庄优雅、稳重大方。首饰的搭配应选用精致小巧、做工精良的黄金白金首饰或珍珠首饰，不可过分张扬。晚宴场合隆重，着装华丽，佩戴的首饰一般是贵重、豪华的镶有各种宝石或钻石，饰品形体较大，色彩艳丽。婚礼场合喜庆、圣洁，戒指是首选的品种之一，是婚姻的承诺。一般新人都会选择钻戒，象征着爱情的永恒。

（2）职业场合与地点　职业场合的着装遵循的是端庄、整洁、稳重、美观、和谐的原则，能给人以愉悦感和庄重感。因此首饰的佩戴上应选用款式简洁的、色彩淡雅的、质料上乘的，以表现出职业女性的成熟与考究。

（3）休闲场合与地点　随着人们生活水平的不断提高，佩戴首饰的人越来越多。人们不只局限于社交礼仪佩戴首饰，而在生活的任何地方、任何场合都佩戴首饰。如休闲、外出郊游或参加朋友派对等。首饰的选择可随个人喜好，可佩戴随意的、艳丽的、风格粗朴的、个性化的夸张饰物等。

首饰配件与服装的搭配除了遵守TPO原则外，首饰的种类、品质与着装服饰的整体风格、色彩、面料必须按照形式美的法则进行搭配，运用对比、均衡、和谐等要素达到首饰配件与服装与人的和谐统一。首饰配件的色彩或质感与服装主体的色彩或质感相反或差异较大时，会形成对比，能够造成鲜明的艺术效果。如：身着色彩鲜艳的服饰，以佩戴单纯而含蓄的饰品为佳，身着色彩比较单调或者是无色彩系列的服装时可选择鲜艳而亮丽的饰品，以此构成首饰与服饰色彩的对比美。首饰配件与服装搭配时也可采用和谐方法，即在选用首饰配件时，要让首饰的质感、色彩、款式、风格等方面与服饰主体相和谐。总之，首饰与服饰搭配一般不宜太多，应以"简约为主"。

课外学苑　丝巾的搭配

荧幕女神奥黛丽·赫本曾说"当我戴上丝巾时，从没有那样明确地感受到我是一个女人，一个美丽的女人。"丝巾系上的不只是温暖，更是品位，它能使日常着装搭配更加优雅，花样繁多的系法还能"一巾多用"，时尚又实用。

丝巾可以和多种风格款式的服装进行搭配，比如风衣、连衣裙、皮衣、衬衫、甚至西装等。丝巾和风衣的搭配使女性更加优雅，特别是穿着颜色深沉的风衣时，若脖子上能有一条亮色的丝巾助阵，整个人的气色都会被提亮，显得精神奕奕；与连衣裙搭配则自然唯美，本就婉约的裙装再加上飘逸的丝巾，给人一种随风翩翩起舞的感觉，在微风徐徐的街道上将成为一抹亮丽的风景；丝巾还能为西装笔挺的白领女性增添一丝浪漫的气息，特别是廓形宽松的中性风格西装，把女性特有的气质埋没其中，此时一条灵动的丝巾就派上了用场，在硬朗的西装下露出胸前随意披挂的丝巾，仿佛刚从秀场出来一般。

丝巾在和服装搭配时还要注意颜色的选择，一般而言，对典雅的女性来说全身的色彩不宜超过三种，但对艺术型的女性来说，再多的色彩只要搭配比例得当，也会很美观。

单色服装，搭配花色的丝巾通常比较出彩，但要注意丝巾的数种颜色中需有一种和服装颜色一致或极其相似，这样二者就能相互呼应，和谐统一，不会有突兀之感。花色服装搭配单色丝巾则是要求服装的几种颜色中有一种要与丝巾一样或相似；单色丝巾搭配单色服装时只要遵循一般的色彩搭配原理即可，花色丝巾搭配花色服装时则要小心了，通常情况下不会这样选择。除此之外在选择丝巾时还要注意与自己肤色是否协调。

总而言之丝巾在女性服装配饰中扮演着非常重要的角色，面对琳琅满目的丝巾时，要懂得如何选择如何搭配，才能更好地提升自身的形象气质。

思考与练习

1. 服饰配件的种类有哪些？
2. 简述服饰配件之间的相互关系。
3. 简述服饰配件在服装搭配中应遵循的法则。

第七章　典型形象的服饰风格表现

- 第一节　成熟智慧形象的服饰风格
- 第二节　时尚前卫形象的服饰风格
- 第三节　浪漫性感形象的服饰搭配风格
- 第四节　休闲运动形象的服饰风格

学习目标

1. 了解各种服饰风格的定位与表现。

2. 明确各种服饰风格形象服饰搭配特点。

3. 掌握各种服装风格的搭配方法。

形象不仅仅是包含一个人的自身所固有的各种因素，服饰的介入在很大程度上影响甚至决定了一个人的形象，正如郭沫若所说"衣服是文化的表征，衣服是思想的形象"。一个人的穿着打扮，在很大程度上衬托了一个人的容貌、气质和风度，同时也反映了一个人的素质和修养。显然，服饰是一种无声的语言，它可以传递人的心态、性格、爱好及身份等诸多方面的信息。事实上，一个人的着装打扮如果可以恰如其分地表达出其自身的个性风格，不仅自己会感到舒服，也会让他人感到自然，赏心悦目。可以这样说，服饰是个人内外因素的综合体现。

通过对各种因素的综合比较，我们可以将人们的服饰形象分为如下几种，即成熟智慧型、时尚前卫型、浪漫性感型、休闲运动型。

第一节　成熟智慧形象的服饰风格

成熟智慧型的女性在当今社会不乏其人，这一类的女性往往介于35～55岁，多表现为独立而自信，优雅中带有坚韧；精明豁达，工作上干练，生活中却不失风情万种，成熟与智慧并存。

一　成熟智慧形象的定位与表现

顾名思义，成熟智慧型的女性的着装打扮首先应立足于成熟这一特点上，这一年龄段的女性大多有着丰富的生活阅历，完全脱离了年轻女孩的娇嫩与稚气，对待人生有着自己独到的见解，有着极强的自信心，能准确把握人生的方向而不易被他人左右，这主要还取决一点，那就是她们拥有聪明的头脑且大多具有较高的学识，丰厚的知识积累不仅更大地增强了她们的自信心，更重要的是由此而使其由内而外所表现出的知性魅力。工作中，她们信心百倍，游刃有余，处理问题干净利落，毫不拖泥带水。对待生活，她们充满热情，完美处理各种问题却又不致落于俗套，生活得精致而富有品位。

因此成熟智慧的服饰风格多较为简洁、大方，线条处理简洁明了，以"H"形线及"S"形线为妥，注重细节处理，但绝对避免琐碎，面料以精细为主，做工考究，色彩纯度高，图案纹样使用适度，整体给人以高档、精致的观感。

二　成熟智慧形象服饰搭配特点

正如前所述，成熟智慧型的女性多属于事业型，尤其是当今社会的白领阶层是其中的典型代表。忙碌充实的工作给她们提供了得以施展才华的良好空间，优雅的办公环境，高层次的社交场所与氛围，无疑都对她们的服饰装扮提出了更多更高的要求。

1. 整体着装搭配

作为职场中的佼佼者，成熟智慧型的女性多数时间处于工作状态，社交活动较多，因此工作时间的穿着就显得尤为重要。首选自然是职业装，一套合体适身、做工考究、面料优质考究的职业装，自然会使工作中的女性增色万分。

现代社会的飞速发展为职业女性提供了优良的办公环境，四季适宜的温度使女士们不必穿着臃肿厚重的服装，更不会因炎热的天气而大汗淋漓弄花妆容。因此，工作时间的着装没有明显的季节分界。

通常情况下，春夏季可以选择一些色彩比较淡雅的裙装，面料以轻柔、富有弹性、不宜起皱为宜。在相对比较宽松的办公环境中可以穿着带有一些花纹图案的服装，搭配适当的配饰，以增强着装的时尚感，但图案不宜过大过于花哨，选用纯度比较高的色彩（对身材比较自信的女士也可使用适量的对比色，见图7-1），可运用局部的点缀色做相应对比搭配，打破色彩沉闷感，或使用一些时尚的局部配饰，都可以产生视觉冲击，起到画龙点睛之用（见图7-2、图7-3）。

秋冬季的着装也比较宽泛，一双精致的高跟鞋既可以拉长腿部线条，又可以修整仪态，配一条及膝裙，时尚而洒脱。当然，对自己身材充满自信的女士，穿一条长裤再配一双高跟皮鞋，衬托出优美的身材也不失为一种好的选择。整体色彩多选用白色、米色、浅灰色等中明度色调给人以高级感以及咖啡色、深灰色、黑色、深蓝等明度较暗的中性色调，但往往会产生沉闷感，因此配饰的使用是极为重要的，如一条金色的腰链，色彩艳丽的丝巾，带有光感的胸饰等。此外，白衬衣作为百搭服，是不可或缺的，它可以作为内衣、外衣等形式与多种服装搭配，并很好地表现出女性的潇洒干练。

外出时可搭配长款外套，近两年颇为流行的怀旧风衣是不错的选择。此外，中长款的细羊绒、精纺毛呢等质感细腻柔软的大衣外套，可以很好地防风御寒，色彩上也可选用一些饱和度高、色相明快的色调，在沉闷的秋冬季即可成为一道亮丽的风景线（见图7-3）。

▲ 图7-1 对比色的服装　　▲ 图7-2 服饰与配饰的搭配

▲ 图7-3　秋冬季服饰搭配

▲ 图7-4　晚宴、聚会场合的服饰搭配

在晚宴、聚会等特殊场合中的着装可相对隆重一些，造型上多选择"S"造型，青灰、淡紫、米白、淡金等色彩雅致的中长款连衣裙、裁剪适体的套装。乔其纱，雪纺或是带有闪光感的精细面料再搭配适当的皮草及其他配饰就能恰到好处地衬托出高贵、成熟、雅致的女人味（见图7-4）。

2. 配饰搭配

成熟智慧风格的配饰运用应遵守"以少胜多"的原则，比如一身素色套装，搭配一条蓝色水晶长项链，抑或是搭配一条金色腰链，在整体中给以色彩与质感的对比，都可以很好地提升整体着装的观感。此外，作为聪明的女性，备几条大小各异、花色不同的丝巾和围巾用以搭配不同的着装，可以达到"以不变应万变"的效果（见图7-5）。

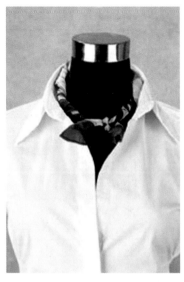  

▲ 图7-5 丝巾和围巾的巧妙搭配

（三）成熟智慧形象服饰搭配实例分析

图7-6灰色针织立领连身筒裙搭配黑色一粒扣外套，面料均具有一定弹性，整体造型贴身适体，而模特胸前的白色珠链、胸花以及浅灰色平跟鞋形成明亮色块，打破了整体色调的沉闷感。带有小细褶皱的长方形咖啡色手包，时尚大方，无论是造型还是色调与整体都恰到好处地融为一体。整体形象塑造，精致考究，内敛端庄，温文尔雅，尽显成熟智慧女性柔和的内在气质。

图7-7典型的黑白灰的搭配，但整体设计却极具时尚性，尤其是白衬衣领部细褶处理，白色长珠链的挽扣形式，高腰线的设计以及手带上的金色链子和搭扣都是最抢眼的时尚元素，在黑白灰的色调中跳跃而不张扬，却给予成熟智慧女性更多的时尚感，较之图7-6的形象塑造，本系列时尚味道更为浓厚，整体观感稳重成熟中不乏活力。

▲ 图7-6　成熟智慧形象服饰搭配实例一　　▲ 图7-7　成熟智慧形象服饰搭配实例二

第二节　时尚前卫形象的服饰风格

时尚前卫型形象多以年轻人为主。他们总是走在时尚的最前沿，他们追求个性和独立而不愿轻易为他人所左右。

一　时尚前卫形象的定位与表现

▲ 图7-8　明代的文人插簪戴花

事实上，所谓的时尚前卫的形象在历史上任何一个时期都存在过，如明代就有许多文人头上插簪戴花，甚至着女装（见图7-8），而唐太平公主在家宴中女扮男装的出现也引领了唐朝女性着男装的风尚。这些人显然在"忌男女不辨"的封建社会是另类的，当然那时人们是不可能用"时尚前卫"这样的词汇去理解他们的。而当人们的物质生活达到一定层次后，在向往更高层次并不断追求创新的精神生活时，人们开始注意、认知并推崇那些善于创造和尝试者，"时尚前卫"也成为他们的代名词。

当今时代，时尚前卫者比比皆是，从享誉国际的影视明星，到十六七岁的中学生，他们是一群时尚的弄潮儿，他们总是在追求不断变化和创新，他们个性而自我，对时尚有着最敏感的神经，敢于突破，绝不甘心落后于人。更有甚者，追求离经叛道，荒谬怪诞，像20世纪60年代的"嬉皮士"，70年代的"朋克"，80年代的"雅皮士"，直到90年代的"X一族"，21世纪这些风格的回归，都是通过着装的奇装异服，行为上的放荡不羁来追求自我个性的释放。

因此，时尚前卫型人士可塑性较强，他们能将不断变化的各种流行元素演绎得非常完美，并在此基础上加以创新。

二、时尚前卫形象服饰搭配特点

时尚前卫型的人士总是存在着强烈的"求异"心理。可以说，他们是新流行的缔造者，每一季的流行就是在这样一群人对"新、奇、异"的追求下和对"固有习惯"的背叛下而周而复始地被带动起来的。代表这一类形象的人群普遍年龄段比较小，集中在16～25岁之间，他们广泛活跃在学校、街头、迪厅等娱乐场所。

牛仔裤、T恤衫、棒球帽是他们的百搭衣，当然每一季的流行不同，他们的着装打扮又各具特色。近几年时尚前卫型的人士主要钟情以下几种流行风格，其各自的搭配风格鲜明，并很好地彰显出这一类型年轻人追求特立独行的气质特点。

1. 嘻哈风格搭配

嘻哈即"Hip-Hop"，是发端于美国的时尚风格，他们的典型装扮是：宽大的印有夸张Logo的T恤，同样宽大拖沓的板裤、牛仔裤或者是侧开拉链的运动裤、篮球鞋或工人靴、钓鱼帽或者是 棒球帽、民族花样的包头巾、头发染烫成麦穗头或编成小辫子。而相应的配饰则有：文身、银质耳环或者是鼻环、臂环，墨镜、滑板车、双肩背包等。当然随着流行的演绎，嘻哈风格的着装也有着更多的延伸。其廓形一般为"H"形、"O"形，色彩通常是一些黑白灰与纯度较高的红、黄、蓝等彩色配搭，面料则以纯棉质感为主。当然最不可缺少的是配搭一些金属质感的饰品，如宽松的牛仔裤腰节处侧搭一条粗粗的金属挂链，或在手腕上层层绕上一条金属手链（见图7-9）。当然今天的女孩子对嘻哈的诠释更多地加入了性感的成分：修身的丝绒运动套装，热辣的贴身连衣裙以及紧身牛仔裤。同样不可缺少的配饰有：夸张耀眼的水钻饰品、墨镜、腕表、闪亮的手提包等，这种服装与饰物之间"繁"与"简"的对比，以及质感、色彩的对比，再加上服装造型上的夸张，使得嘻哈一族时刻都是视觉焦点（见图7-10）。

▲　图7-9　经典嘻哈风格的搭配

▲ 图7-10 嘻哈风格的时尚搭配

2. 朋克风格搭配

朋克风格发端于20世纪60～70年代的美国"地下文化"和"无政府主义"风潮，极尽体现出咆哮、粗野和不修饰的意味，色彩或艳丽或质朴或中性或性感，面料或皮革或棉毛或纱质，皆可表现。自20世纪90年代以后，在时尚领域出现了后朋克风潮，主要表现是：鲜艳、破烂、简洁、金属、街头。近两年的朋克潮，色彩回归了以往的以沉色为主，款式基调依然保持简洁的特色，少了金属和街头的气息，黑色的 T 恤或是带有风帽的运动衫，被刻意割刮撕破的牛仔裤再搭配一双"ball shoes"。当然朋克风格最引人注目的还是发型和饰物的搭配。头发可漂染成各种颜色，穿多个甚至一排耳洞，并带上金属小耳环，手腕上套着粗粗细细的金属手链，带有骷髅或其他各种怪模怪样的戒指，脖子上围着金属项圈。女孩子在追求朋克风格时也可加入一些女性化色彩，比如时下流行的烟熏妆，彩色网眼或条纹丝袜，色彩鲜艳的印花小 T 恤，甚至在整体着装中使用补色，在色彩上取胜（见图7-11、图7-12）。

3. 波西米亚风格搭配

首先要指出的是波西米亚风格的服装并不是单纯指波西米亚当地人的民族服装，服装的"外貌"也不局限于波西米亚的民族服装和吉卜赛风格的服装。它是一种融合了多民族风格的现代多元文化的产物，这也是典型民族风的代表。层层叠叠的花边，无领袒肩的宽松上衣、大朵的印花、手工的花边和细绳结、皮质的流苏、纷乱的珠串装饰等都是此种风格的典型表现。其色彩在运用上多使用对比色，如宝蓝与金色，中灰与粉红……比例使用不均衡；

▲　图7-11　朋克风格的服饰

▲　图7-12　朋克风格的典型发式与服饰

整体造型上强调宽松、舒适。上装以V字领、U字领和一字领为主。下装最有代表性的是A字形长裙，裙长及膝或过膝。下摆宽大，裙子上多有横断线和层层叠叠的褶皱。像吉卜赛风格的裙身更长，多数长至脚踝。面料是以棉、麻、毛、翻毛皮革、牛仔布等天然面料为主，有些还采用了化纤以及含莱卡的面料。当然波西米亚风格搭配中最引人注目的仍然是饰物的使用，比如同时佩戴数条项链、手链或戒指。首饰材料以金属和各种质地的彩色石头为主。首饰的尺寸通常比较大、民族感强。腰带和包上也镶嵌装饰品，再搭配上一头波浪乱发和一双带有流苏的皮质小短靴，这就是充满艺术和自由气质的波西米亚风格了（见图7-13）。

▲　图7-13　波西米亚风格的服饰搭配

4.混搭风格服饰搭配

混搭风格可以说是近几年的主导风格。2001年，日本的时尚杂志《ZIPPER》就这样写道："新世纪的全球时尚似乎产生了迷茫，什么是新的趋势呢？于是随意配搭成为无师自通的时装潮流。"由此来看，所谓混搭就是把各种不同风格的衣服以及各种配饰搭配在一起，穿出一种另外的效果。这与20世纪60年代流行的嬉皮士风格有许多类似的地方。混搭风格是近几年时尚界最为风靡的词汇，也是时尚前卫人士竞相追捧的一种服饰风格。混搭包括了面料的混搭，如牛仔与雪纺搭配在一起，可以很好地表现出女孩子青春不受羁绊的性格特点；色彩的混搭，采用对比强烈、纯度相当的色彩（要切忌用太多的颜色，全身上下的颜色最好控制在三四种左右）；风格的混搭，如十分中性的西服中加上女性味十足的蕾丝再配一条少女风格的雪纺塔裙，可谓个性十足；线条的混搭，其特点就是将体积或线条相差较大的服装单品搭配在一起，能起到丰富视觉的效果（见图7-14）。

▲ 图7-14 混搭风格服饰搭配

当然，在当今时尚界，还有许多流行风格，如中性风格、复古风格等，那些处在时尚风口浪尖的人士也绝不甘心为一种风格多停留几刻，更不会轻易臣服于哪一种固定风格。由此看来，恐怕时下最流行的混搭风是时尚前卫型人士的最典型表现了，无论什么色彩的配搭，什么风格的配搭，什么材质的配搭，随性而为，自由自在，只要自己喜欢就好，只要穿出自己的魅力就好，这就是时尚前卫的形象。

三、时尚前卫形象服饰搭配实例分析

图7-15，俏皮的鸭舌帽，横条纹毛衫，嘻哈感十足的仿旧牛仔短裤，过膝长袜，配上咖啡色长靴，"混搭"却不是"乱搭"，整体色调和谐统一，极具时尚性的编织皮带、宽大背包与长靴，形成色彩与材质的呼应，褶皱宝蓝围巾味道十足，大腿处裸露的皮肤与上身的厚重形成鲜明对比，谁说寒冷的冬季缺少时尚？

图7-16，一对朋克式的情侣，皮夹克，皮手套，磨白牛仔裤，虎皮纹超短裙，复古长靴。男士的针织T恤外套灰白色开身马夹，多层搭配，时尚在不经意间展现，女士带有几何纹样的针织高领衫与虎皮纹短裙搭配，尽展野性而性感魅力，这样的搭配还不够到位，再来个黑色烟熏，高耸的发际漂染成麻棕色。这样的朋克装扮，无论走到哪里可都是焦点。

▲　图7-15　时尚前卫形象服饰搭配实例一　　▲　图7-16　时尚前卫形象服饰搭配实例二

第三节　浪漫性感形象的服饰搭配风格

浪漫性感形象让人自然联想到著名的影星玛丽莲·梦露，她浪漫性感，风情万种，妖娆妩媚，给人留下了深刻印象（见图7-17）。

一 浪漫性感形象的定位与表现

▲ 图7-17 玛丽莲·梦露

浪漫性感型当然是专属于女性的形象，她们往往有着柔和的面部线条，迷离的眼神，丰满圆润的身材，温柔多情，华丽性感，妩媚多姿。可以说，此种形象是最富有女性味道的，她们总能将自身的女性气质发挥到极致。

浪漫性感型的女性喜欢用浪漫的方式来对待生活，艳丽的红色、热烈的橙色、多情的粉色、高贵的紫色、华丽的金色，都是她们的最爱，她们用这些色彩来装扮自己以及周围的环境，她们喜欢"S"形的曲线，喜欢轻薄柔软的雪纺、蕾丝、绸缎，华美高贵的皮草、饰品。一举手，一投足都尽显万种风情，她们拒绝平庸和理性，用最感性的思维来理解人生，对待生活充满想象和热情。

二 浪漫性感形象服饰搭配特点

浪漫性感型的女士多处于20～40岁之间，她们与成熟智慧型的女性最大的不同在于：后者更为理性和精明，对待生活的态度更为直接和现实。但是她们却都一样追求精致生活，对着装有着苛刻的要求。

1. 整体搭配特点

浪漫性感型的女士较适合华美、夸张、以曲线裁剪为主的服装。像一些蓬松而线条流畅的长裙、礼服，再如比较柔软、悬垂感好，虽然造型上为宽松式，但能体现女人风情的服装，还有领、袖等部位采用曲线剪裁设计的上衣，以及弹性适度能体现曲线美的紧身衣等都是这一类型的首选。

通常春秋季节浪漫性感型女士可多选用一些天鹅绒、针织、精纺毛呢等细腻柔和的面料，一些带有花绘图案以及带豹纹图案的面料也是不错的选择（见图7-18）。浪漫性感型的女性特有的迷人气质自然带有一种驾驭性，豹纹恰好能表现出这一点。外廓形仍以"S"或"A"形为主，色彩可选用当季的流行色，明度适中，过浓艳或过于淡雅都不是十分适合这一类型，近两年流行的渐变色对于表现浪漫感也非常到位。局部细节的处理最为重要，如领袖上的花边的使用，门襟或下摆的刺绣的使用，再或者前胸处镶嵌珠粒、钻饰等是表现女性味的绝佳手法（见图7-19）。

夏季是浪漫性感型女性施展魅力的最好时节，这一季节的雪纺、丝缎、蕾丝轻柔飘逸并带有一定的透视感，最能表现女性的性感，造型上多采用曲线，整体感或蓬松或紧凑，印染或刺绣花卉纹样。褶皱、镶嵌、荷叶边装饰的领口、袖口或是下摆，再配以暧昧的粉色、淡紫、肉色、米色等色调，女性的妩媚多姿展露无遗（见图7-20）。

冬季的寒冷也不能掩盖这一类型的女士表现自己的似水柔情，一款带有民族图案的羊毛披肩，一条线条流畅的细羊毛的连身裙再搭配一款单跟长靴，一定是冬日里的亮点。当然，

▲ 图7-19 浪漫性感服饰的花边

◀ 图7-18 浪漫性感的春秋装

▲ 图7-20 浪漫性感的夏装

近年来时兴的皮草或是注重细节处理的羊绒七分袖外套，在里面搭配一件长过臀部的羊绒毛衫、紧腿裤，温暖时尚，色彩上选择一些中明度的暖色调，再搭配黑、白、灰、咖啡等中性色调。此外，运用混搭手法，将皮草披肩与带有镶嵌金丝线、珠粒的柔软轻薄雪纺或丝绸做成的小礼服搭配，一定是晚宴中最引人注目的形象（见图7-21）。

　　工作中的女性，在选择职业装时应选择带有弧线的领、袖、衣襟和兜袋，整体强调腰部和臀部的曲线，贴身而合体的套装。细节上应避免直线和锋利感的设计，在保持女性十足的柔和与曲线之外，又不失职业装的庄重。当然，裤装似乎并不太适合这一类型的女士穿着，如要尝试，必须选择质地柔软、悬垂感好的宽松型裤子。牛仔裤、T恤衫虽是大多数人喜欢的休闲装扮，但对于喜欢表现女人味的浪漫性感型来说未免太过随意，为此，在日常休闲时，可以选择一些质感柔软的宽松毛衫或带有蕾丝的衬衣，配搭一条裙裤，慵懒放松却不失女人味（见图7-22）。

▲　图7-21　浪漫性感的晚宴服装　　　　　　　▲　图7-22　浪漫性感的职业装

2. 配饰特点

　　浪漫性感型的女士最适合佩带各类首饰，尤其是珍珠、宝石，所谓"珠圆玉润""珠光宝气"自然是用来表现女人味的。近两年流行的多层长款珍珠项链是提升女性魅力的法宝，无论是简约的还是相对复杂的服装款式设计，搭配这样一条项链都不会让人觉得多余，再或者搭配一些立体感强的花形胸针，细致的小羊皮手套和手包，都能很好地增加整体观感。前面所提到的披肩装饰也是浪漫性感女性的最爱，随意地围搭在肩部，可以很好地柔和肩部线条，给人小鸟依人的感觉，披肩可选用民族感的花卉纹样，也可以是整体色调中的对比色，以强调整体形象（见图7-23）。

　　浪漫性感型的发型妆容也是整体形象的重点，通常大波浪的披肩长发，浪漫的盘发都是最佳选择，妆容上用色不要过于浓艳，强调唇彩和睫毛，整体上突出性感而不失高贵。

▲　图7-23　浪漫性感服饰中的配饰

（三）　浪漫性感形象服饰搭配实例分析

▶ 图7-24　浪漫
性感形象服饰
搭配实例一

◀ 图7-25　浪漫
性感形象服饰
搭配实例二

图7-24，白色的雪纺及膝连衣裙恐怕是所有追求浪漫风格女孩子的最爱，整体设计中注重细节处理，腰节处被设计成收褶的宽腰节，高腰节将胸部衬托得丰满性感，多层长项链和金色单跟鞋的搭配增加了整体的时尚性，黑色的珠粒小拎包女人味十足，长发成卷随意披下，浪漫性感中平添了几分俏皮可爱。

图7-25，高贵的紫色，惹人联想的透视效果，颇具民族感的闪光缘边，不对称的款式设计，东方式的宽松轮廓造型，女性性感的脚踝被同样的紫色鞋子的绕带在不经意间衬托出来。这样的穿着搭配一定让女人发出璀璨的光芒。

第四节　休闲运动形象的服饰风格

随着社会飞速发展，生活节奏日益加快，人们的神经长期处于紧张状态，承受着来自各方面的巨大压力。令人"窒息"的领带、令脚踝受尽"折磨"的高跟鞋都不能放松身体，人们越来越渴望从身体到心理获得一种放松、休息。休闲运动的形象深入人心，逐渐成为时尚流行的主流。

 休闲运动形象的风格定位与表现

今天，休闲运动形象已不仅仅局限于青少年一代，从十几岁的少年到六七十岁的老人，休闲运动的形象无处不在。这一形象首先给人的感觉就是充满朝气与活力，他们在运动中获得健康，在运动中感受青春。跑步、轮滑、骑单车、登山、游泳……各种有益身心的休闲运动方式为人们所热衷。他们面色红润，步伐轻盈，身姿矫健；他们总是对生活抱以最乐观的态度，对生活充满着无限的热情；他们热爱大自然，更喜欢自然随意的生活，着装也不例外，宽松舒适的"H"形造型，自然舒适的棉、麻、针织面料，来自大自然的原麻色、天蓝色、本白色、岩石色、森林色等都是休闲运动型人士的最爱。当然棒球帽、运动鞋是这一风格不可或缺的百搭品（见图7-26、图7-27）。

二 休闲运动形象的搭配特点

休闲运动型的人士倾心于自由的生活方式，尤其是对于年轻人，他们向往无拘无束的生活，喜欢在运动中释放自己的青春活力，喜欢四处游走感受自然的气息，因此在日常的着装中都以宽松随意为主，运动衫、牛仔裤、T恤衫都是他们钟爱的。但若细致划分，休闲运动形象又有几种不同的表现，其搭配特点分别如下。

 1. 休闲形象服饰搭配特点

曾有人这样诠释休闲一族：①它是一种自由的选择；②它是一种自在的心境；③它是一种自我教化；④它是一种生命存在状态。休闲是一种生活状态，它将人们从繁杂的社会生活

▲ 图7-26 老年人的休闲运动装   ▲ 图7-27 休闲运动风格造型

带入到一种自由自在的境界，登山、旅游、溜冰、滑板、器械运动，远离城市的喧嚣，使身心都得到放松、回归。

　　休闲一族的人士对服装的追求似乎并不在意，其实不然，他们对服装从款式到材质都有着严格的要求。他们喜欢宽松简约的服装款式，整体造型以直线为主，那些累赘的细节花边、蕾丝被远远摒弃。材质上追求取材天然的棉、麻质感，透气性、吸湿性都好的优质面料。色彩也以自然色为主，米色、灰色、咖啡、蓝色等中明度、中纯度以及中性的黑、白等能够让视觉感到轻松无刺激的色泽都是这一形象的恰当选择。筒形的牛仔裤、牛仔短裤、短裙，T恤衫，宽松的棉或麻质衬衣，再配一双柔软舒适的平底鞋，就是一个典型的休闲形象了（见图7-28）。当然，年轻的女孩子们在色彩上可能会偏向于一些纯度较高、色相明快的流行色，对款式的选择也更喜欢一些较为性感随心的设计（见图7-29）。

2. 运动形象服饰搭配特点

　　随着人们生活水平的不断提高，人们越来越重视自身的健康，近年来国人的体育运动意识不断增强，在时尚界也掀起了一股运动风的热潮。运动形象成为时尚一族。

　　运动形象的人士自然是健康而充满活力的，他们喜欢从事各种体育运动，如跑步、打篮球、踢足球、游泳、打跆拳道、跳健美操……当然他们的着装也是以运动服装为主，面料应选择柔软、弹性好、吸水性好的材质，造型宽松，细节处理多使用一些与整体色调成对比色关系的直线，有的甚至使用闪光面料以增加视觉跳跃性，运动服的品牌标志是重要的装饰点，也多运用对比色或是闪光面料，当然一件好的品牌运动服也是价格不菲，尽管如此，喜欢运动的青年们仍旧趋之若鹜，并以拥有一件国际品牌的运动装为荣。不过，好的运动服还

▲ 图7-28　休闲风格的服饰搭配

▲ 图7-29　年轻女孩子的休闲服饰搭配

要有好的运动鞋与之搭配，一双好的运动鞋则应具备透气性好、鞋面舒适贴脚等特点，鞋底要有一定的厚度和较好的弹性（见图7-30）。

除颜色外，运动形象的配饰也是极为重要的，像与整体色相配的吸汗带、护腕、护膝、运动包袋等，活跃在运动场上的年轻人们对这些配饰也是绝不轻视的。

3. 休闲运动混搭

运动装固然潇洒，但是一身百分百的运动装扮对于喜欢追求时尚，喜欢有变化的年轻人来说总感觉缺少些什么，毕竟他们不是专业运动员，除非是在运动时，平时他们可不想这样。因此，将休闲服与运动服混合搭配恰好迎合了一批年轻人的口味。看来时下流行的混搭风格才是大快人心。比如，一件用网状弹性运动面料做成的颇具性感味道的紧身背心T恤搭配一条工装裤，松紧有致，看似随意却

▲ 图7-30 运动风格的服饰搭配

味道十足；再比如，用一件粉色运动T恤与灰色热裤搭配，手腕上佩带一个护腕或是一款运动腕表，头戴棒球帽，再来一个大大的品牌运动斜挎包，这样一身装扮定是街头焦点（见图7-31）。

▲ 图7-31 休闲运动混搭服装

三、休闲运动形象服饰搭配实例分析

图7-32，带有白色条纹的针织黑色露脐内衣，外罩黑色短袖开衫，再搭配一条白色休闲短裤，这样的黑白搭配，简约时尚，干脆利落，配上一款最流行的黑色大皮包。抛下永远做不完的工作，好好放松一下自己，即使在这样的休闲时刻，你依旧是最引人注目的那一个。

图7-33，漂亮时尚的条纹直身背心裙，红与白的配色是青春的最好证明，这样的穿着难免有些单调，那没关系，背上一款夸张的大红运动背包，戴上心爱的棒球帽，年轻就是这样，自由随心，时尚张扬。

在这个时尚瞬息万变的时代，人们总是愿意通过各种尝试来表达自我，彰显个性，各种流行风尚、时尚形象更迭不穷，任何一种服饰形象都不是绝对的，更不是单一的。在这里我们所谈及的服饰形象仅仅是近几年来的个别典型代表，随着时代的发展，相信会有更多更鲜明的形象风格出现。因为时尚就是这样，变幻莫测，永无止境。

▲ 图7-32 休闲运动形象服饰搭配实例一

▲ 图7-33 休闲运动形象服饰搭配实例二

课外学苑　20世纪服装廓形的流行变迁

作为服装流行变化的重要表现因素，服装廓形的流行变迁有着极强的时代特征，各种服饰形象也因此在不同时期受到不同影响。

20世纪初，著名设计师波尔·波阿来设计了一系列具有浓郁东方色彩的裙装，服装史上出现了"东风西渐"的风潮，人们摆脱了过去惯用的填充物、紧身胸衣，一改过去强调女性曲线美的服装廓形，向简化的服装造型转变，第一次世界大战的爆发，使裙长缩短，廓形呈直线形。

20世纪20年代，著名设计师加布里埃·夏耐尔进一步简化了女装，将女性从烦琐夸张的装饰中解放出来，创造了腰部自然、不突出胸部、线条简单的便服，具有较强的男性化特点。

20世纪20年代末期，擅长运用斜裁法的玛德莱娜·奥内，运用独特的斜裁方式制作出体现女性曲线美的紧身晚礼服。

到了30年代，女装继续朝着突出形体曲线的方向发展，廓形以细长为主，裙长变长，腰线自然贴合人体，整体造型细长、合体。

20世纪40年代，开始流行倒梯形的服装造型，第二次世界大战期间带有垫肩的女套装将女性带入了男性服装的世界，战争似乎让女性忘记了自己的美感。直到克瑞斯汀·迪奥的出现，1947年，迪奥推出了他的"New look"。自然的肩线设计，纤细的腰部，突出的胸部，像花一样绽开的裙摆，优雅的"X"形将女性重新带回到自己的世界中。整个50年代，迪奥相继推出"郁金香形线""H形线""Y形线"等一系形独特的造型，他的设计影响了整个时代。

20世纪60年代，英国设计师玛丽·匡特设计了轰动全球的长仅在膝盖以上的超短裙，与之相应的直线形廓形成为当时的服装主流。

20世纪70年代，追求自由的年轻人喜爱上了宽松肥大的服装造型，倒梯形廓形成为当时的主要流行趋势，并且一直影响到80年代，宽厚的海绵垫肩成为女性服装的视觉中心，而下装则是紧凑的直筒裙，上部宽松肥大，下摆收窄的夸张的倒梯形造型体现了职业女性自信果敢的独特气质。

20世纪90年代，这一时期出现了50年代的回归热潮。返璞归真，体现女性曲线美的"X"形造型又一次受到青睐，整体造型适体，线条流畅，女性特有的优雅气质被表现得淋漓尽致。

思考与练习

　　请针对目前年轻人较为推崇的几种服饰形象，深入研究分析能展现其特征的服装风格的搭配特点，分析应结合近年来的流行趋势，研究其成因及新表现。以论文形式递交分析报告，并需附相关图片资料，也可根据具体的事例进行分析论证。

第八章　服饰搭配的总结运用

● 第一节　自我认识
● 第二节　打造完美服饰形象

学习目标

1. 培养学生对于自我条件的认识与把握。

2. 了解自我的色彩和风格的定位方法。

3. 掌握不同场合、不同职业的着装技巧和方法。

第一节　自我认识

一　自我自然条件的认识与把握

"认识自己"是让自己面对一个真实的自我，了解自我的外在形象感官特点，并根据对自我自然条件特征的把握选择适合自我色彩和风格的服饰搭配。

二　自我主观条件对服饰搭配选择的影响

随着现代时尚生活的发展，越来越多的消费者讲究"个性"与"品位"。这种诉求让衣着消费逐渐从理性的满足进入到感性的阶段。

三　自我服饰色彩、风格的确定

应该说每个人都有属于自己的美，也就是自己的个性魅力。但是，很多人挖掘不到自己的美。只有找到了适合自己的色彩和风格，你的体貌特征才能与服饰间出现规律性的结合，使你的形象给人带来无与伦比的贴切感。

那么如何拥有属于自己的色彩、风格体系呢？

1. 色彩的确定

"色彩四季理论"是在瑞士色彩学家约翰内斯·伊顿的主观色彩特性启示下，于20世纪80年代初由美国人卡洛尔·杰克逊女士所创立的理论体系，是一种全新的色彩应用规律，也是西方当今各领域色彩设计和色彩营销技巧研究的重要理论依据之一。

"色彩四季理论"对完善人的整体形象具有重要的意义，因为它的一个重要内容就是把人与生俱来的肤色、发色、眼珠色等"人体色特征"进行科学的分析与分类，总结出春、夏、秋、冬四大色彩系列，为每个不同的人找到其最适合的色彩群及相互间的搭配关系，利用色彩来完成服饰化妆与个人自然条件的和谐统一搭配。

（1）春季型　春季型的人拥有光洁的皮肤、明亮的眼睛，柔软的头发配上红润的脸庞，给人一种朝气蓬勃的感觉。在四季色彩中，春季型人永远给人一种可爱、活泼、亮丽的感觉，仿佛春天姹紫嫣红的鲜花。

春季型人属于暖色系的人，与之相适合的颜色是以黄色为主色调的各种明亮、鲜艳、轻快的颜色。在色彩搭配时，要注意主色与点缀色之间应出现对比。适合有光泽、明亮的黄金饰品，冷色和厚重的灰色调会掩盖住春季型人们的光芒（见图8-1）。

▲ 图8-1　春季型人的服饰搭配

（2）夏季型　夏季型人极富女人味，拥有温和的眼睛，流露出无限柔情，柔亮的头发把女性的柔美演绎得淋漓尽致。

夏季型人从整体上给人温和、亲切的感觉。夏季型人属于冷色系的人，穿着颜色以轻柔淡雅为宜，最佳色彩为蓝、紫色调，不适合有光泽、深重、纯正的颜色，而适合轻柔、含混的淡色。在色彩搭配上，应尽量避免反差和强烈的对比，运用相同色系或相邻色系进行浓淡搭配，能够更好地表现夏季型人的贤淑与高雅的品位（见图8-2）。

▲ 图8-2　夏季型人的服饰搭配

（3）秋季型 秋季型人有着瓷器般匀整的皮肤，脸上很少有红晕。拥有一双沉稳的眼睛，给人以成熟稳重的感觉，再配上棕色的头发，是四季中最成熟最华贵的代表，最能表现有内涵和深度的温柔形象。

秋季型人属于暖色系的人，尤其适合沉稳厚重、以黄色为主色的暖色调颜色。沉稳浑厚的颜色能很好地衬托秋季型人匀整的肤质。在色彩搭配上，不适合冷色和鲜明的色彩，只有用相同色系或相邻色系层次搭配，才能烘托出秋季型人的稳重与华丽（见图8-3）。

▲ 图8-3 秋季型人的服饰搭配

（4）冬季型 冬季型人是肤色白皙微微泛蓝光，拥有一头优质的黑发以及锐利有神的眼睛，显得冷漠苍白。这类型的人拥有清澈、强烈的现代感。纯正、饱和的色彩能够装扮出与其协调的完美形象，演绎出干练、艳丽的特质。

冬季型人属于冷色系的人，适合穿纯正的颜色及有光泽感的面料，同时作出强烈对比的搭配效果，含混不清的混合色不足以与冬季型人天生的肤色特征相配，冬季型人的独到之处是可以尽情地运用多种纯正色彩来装扮自己（见图8-4）。

2. 自我款式风格的确定

服装款式的种类纷繁复杂，恰当的服装搭配能够提升人的整体形象。我们可以依据自身的五官、身材、性格、职业等体貌、气质、社会特征，提炼出个性风格，把自己的内在审美情趣与个性通过服饰的外在形式（或古典、或自然、或浪漫、或艺术、或优雅）表现出来。

▲　图8-4　冬季型人的服饰搭配

（1）优雅型风格

● 温婉、柔媚、娴静、恬谧、淑雅、清丽……优雅的神态，温文尔雅的举止。

● 优雅型人特征：五官精致、身材纤细、秀气、圆润。

● 出彩秘诀：花形图案、柔亮色彩、柔软的针织品、精致剪裁的款式，见图8-5。

（2）浪漫型风格

● 高雅、潇洒、飘逸、妩媚、性感……风情万种的气质，瑰丽旖旎的姿色，彰显了浪漫型人的魅力。

● 浪漫型特征：体态丰满婀娜，容颜柔和圆润。

▲　图8-5　优雅型风格服饰搭配

●出彩秘诀：具象花纹、贴身款式、流畅的线条、柔软的面料、褶皱花边装饰，见图8-6。

（3）古典型风格

● 端庄、典雅、高贵、严谨、知性、成熟…… 处变不惊的高傲，精益求精的品质，造就了古典型人矫矫不群的气度 。

● 古典型特征：形体整体呈直线感，眉眼、嘴唇平直，身材适中。

● 出彩秘诀：格条图案、宽松款式、简洁线条、挺括面料，见图8-7。

▲ 图8-6 浪漫型风格服饰搭配

▲ 图8-7 古典型风格服饰搭配

（4）自然型风格

● 成熟、平和、随意、洒脱、大方、自信…… 无穷无尽的活力，随遇而安的率真，抒发了自然型人返璞归真的情怀。

● 自然型特征：眉眼平和，面部轮廓及五官线条柔和但呈现直线感，形体多为直线。

● 出彩秘诀：抽象花纹、休闲款式、天然面料、率真色彩，见图8-8。

▲ 图8-8　自然型风格服饰搭配

（5）前卫型风格

● 率直、出位、叛逆，永远的都市新宠！

● 身材小巧玲珑，呈骨感，脸庞偏小、线条清晰，五官个性感强。

● 出彩秘诀：标新立异，别致个性，夸张、裸露，新型材质、独特款式。见图8-9。

▲ 图8-9　前卫型风格服饰搭配

（6）戏剧型风格

● 夸张、大气、张扬，永远的视线焦点！

● 戏剧型特征：身材高大呈骨感，面部轮廓线条分明，五官夸张而立体。

● 出彩秘诀：抽象图案、几何线条、挺括面料、简单裁剪、典雅色彩，见图8-10。

▲ 图8-10 戏剧型风格服饰搭配

第二节 打造完美服饰形象

一 职场中的形象设计

人们用穿着表现"角色"。服装、发型、妆容——无一不在自我的公开展示中扮演着一部分角色。社会学家厄尔文·高夫曼（Erving Goffman）提出，穿着是人们为了将自己置身于一个社会系统中所进行努力的一部分。穿着就成为顺从的一个重要标志。人们的衣着是其展示社会形象、沟通社会人际关系的一种文化载体。

1. 企业经理的形象设计

优雅得体的着装能为您的成功提供支持，职场中的形象定位一定要与职业特点相结合，得体的服装搭配是提高职业形象的重要内容。企业经理在公司中处于领导者的地位，要保持威严、端庄的形象。在服饰的搭配上，适宜选择深蓝色或深灰色颜色的西装，为了表现可信任、平和的气质，选择的衬衫和领带应与西服颜色同属一个色系（见图8-11）。

2. 业务员的形象设计

干练、智慧的业务员形象能够给客户留下很好的印象。那么，着装上就要考虑选择颜色和款式正统的服装。色彩上选择深蓝色、暗黑的色系，配以白色或浅色的衬衫以及同色的领带。要充分考虑整体着装，要让服装与鞋包等色彩和风格上统一。

▲　图8-11　企业经理的形象设计

3. 医护人员的形象设计

医护人员在人们的心目中是治病救人的白衣天使，他的职业特性要求服饰的搭配能给人亲和、安静的感觉。白色和粉色系列的服装是最适合医护人员的色系。干净、轻柔、明快是这一色系的特点。

4. 教师的形象设计

时代的发展要求教师也要不断保持优雅的仪态。老师们根据时代、职业特点及自身感受，在选择端庄典雅的正统服装之上增添适当的细节装饰，可以创造良好的教学氛围（见图8-12）。

5. 广告设计、创意工作者的形象设计

广告设计、创意工作者通过服装可以充分展示自身拥有的创意性。随意时尚的服饰搭配可给客户以期待感和新颖感（见图8-13）。

▲ 图8-12　教师的形象设计

▲ 图8-13　广告设计、创意工作者的形象设计

6.律师的形象设计

　　律师是专业人士，外表和行为举止当然重要。如果客户和你很熟悉，对你很信任，外表可能不那么重要。但是，多数情况下律师需要结识新的客户。客户不了解你，你给他的第一印象就非常重要了。庄重、典雅的形象首推颜色和款式正统的西装。色彩上选择深蓝色、暗黑的色系，配以白色或浅色的衬衫。

二　休闲时光的形象设计

1.旅游

　　现代社会，在繁忙的工作之外利用节假日，脱掉严谨的上班服装，换上宽松舒适的运动休闲装，参加户外的旅游活动，是越来越多的人参与的休闲方式。

　　服装企业也在重视休闲功能上下足功夫，各种款式和色彩的休闲旅游服装充满了市场。那么，如果要去户外爬山，就要换上色彩鲜艳、耐磨耐脏的宽松式运动服装了；如果只是去近郊散步或看电影之类，那么轻盈、柔软的棉质针织衫、毛衣和套头外套是最佳选择了。颜色上，中性柔和的温暖色调可以给你一种安全、放松的感觉（见图8-14）。

▲　图8-14　旅游服饰搭配

2. 居家

随着人们生活品位的提高,服装的分工也越来越精细化。作为日常居家生活所穿着的服装在市场中也有了一定的份额。作为居家服装,首先考虑的是舒适放松的功能性。色系上以柔和的中性色为主,颜色包括米白、淡粉红等淡色系色调,也可以加上金色踪影。面料上则以棉麻面料为主(见图8-15)。

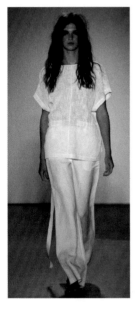

▲ 图8-15 居家服饰搭配

3. 运动

现代社会,人们对于自己的健康越来越关心,积极参与到各种体育健身活动中,特别是全民健身思想的影响,运动已经成为一种时髦的话题,相应的运动服装也成为人们衣橱中必不可少的一部分。细致的功能性分工的服装满足了人们的需求(见图8-16)。

三 社交场合的形象设计

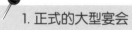

1. 正式的大型宴会

在西方国家,着装有着严格的规定,分为正式礼服、半正式礼服、日常礼服等。比如白天正式宴会穿着的大礼服,晚上宴会穿着的燕尾服。半正式礼服又包括日间半礼服、晚礼服、晚宴夹克礼服等。在东方国家,西方的正式礼服还没有得到普及,在现代大型宴会上,男士一般都是正式西装。女士则需要穿着端庄、典雅的服装(见图8-17)。

▲　图8-16　运动服饰搭配

▲　图8-17　大型宴会的服饰搭配

2. 商务谈判会议

　　服装的选择要适合一定的环境，传达相应的信息。在商务谈判时，您的着装要能够表现出高品位、有思想的形象。干练、睿智的外在形象可以给谈判对象以信赖感。在服装搭配上，要选择高档面料制成的西装。深蓝色或是深灰色的西服搭配白色或是同色系的衬衫和领带能够很好地表现稳重、深邃和威信。

3. 舞会

　　舞会的着装有较大的选择空间。绚丽的灯光下，如果你的服装的色彩过于暗淡，那么，你就会被淹没。这时的您不必拘泥于两三种色彩的搭配，应大胆地穿出你喜欢的色彩。丰富的色彩、闪亮的面料以及时尚的款式更能带动您跃动的心情（图8-18）。

▲ 图8-18　舞会的服饰搭配

四、前卫、另类的形象设计

服装的流行发展首先需要前卫时尚的人士来引领。不是每个人都能够走在时尚的前沿，您需要有敏锐的眼光、精确的解读力，前卫的服装才会有很强的时代性。前卫和时尚不同，前卫是走在时代尖端，前卫可能不被大多数人接受，可能会被鄙视唾弃，一旦某前卫东西或思想被大多数人所接受，那么就成了时尚（图8-19）。

▲ 图8-19　前卫、另类的形象设计

课外学苑 用西装外套打造别样服饰风格

一提到西装，我们经常就会和Office Lady联系到一起，想到简洁、干练、严肃的词语。其实不然，随着服饰搭配风格的多样化发展，西装也已经成为搭配的最佳单品之一，运用混搭的手段，可以让你从沉闷的老式西装中跳脱出来，把寻常可见的西装穿出品位和时尚。

不同廓形的西装搭配不同风格的服饰单品，可以打造出别样的服饰风格。

时尚优雅型：搭配常见的西服款式，衣身裁剪精致合体，充分体现女性身材美。这种类型西装可以搭配悬垂性好的阔腿裤、纱质长裙或蕾丝内搭，配上一双精致的高跟鞋，化解传统西装的老气感。

帅气硬朗型：这种类型的西装外套版形简洁大方，不强调腰线的设计，搭配的法则在于宽松随意，强调廓形的质感和体积感。深色的西装外套，内搭简洁利落的针织衫，露出脚踝的七分裤，处处彰显帅气风格。

复古时髦型：随着复古风的大行其道，格子图案、双排扣款式的西装重回时尚达人们的视线。精美雅致的格条图案配上简单素雅的白色衬衫，复古而不失时尚。

休闲舒适型：松散的腰线，柔软的天然面料这种类型的西装外套搭配牛仔裤、带图案的T恤衫、运动鞋，处处散发惬意舒适的感觉。

中性风的大行其道让西装外套的搭配有了更多样化的选择，无论何种廓形的西装，都洋溢着帅气，只要选择好合适的搭配服饰，结合自身的特点就能够穿出自我品位和特点。

思考与练习

1. 对照"色彩四季理论"，试找出自己属于哪个色彩类型。
2. 试对照不同款式风格的特点，找出适合自己的款式风格。
3. 结合自身特点，根据两种不同场合进行自我服装形象设计。

第九章 服饰搭配形象赏析

　　随着观念的转变，以往各个单独的服装装饰设计逐渐被整体设计所代替。现代人的着装更讲究服装与服饰的整体配套美感。因此，在设计过程中除了对服装本身的型、色彩、面料三大要素进行创意之外，还要兼顾服饰品的搭配组合问题。

第一节　女装形象

　　图9-1～图9-5为女装形象欣赏。

▲　图9-1　女装形象欣赏（一）

▲　图9-2　女装形象欣赏（二）

▲　图9-3　女装形象欣赏（三）

▲　图9-4　女装形象欣赏（四）

▲　图9-5　女装形象欣赏（五）

第二节　男装形象

男人要在衣装上表现出阳刚魅力，应该遵循三个原则：整洁、摆脱单调、不忽视色彩魅力。男装形象欣赏见图9-6～图9-12。

1.整洁

现今的男士已经懂得不能穿得寒酸、滑稽，但整洁仍然被忽略。生活中常可见到某些男士上穿崭新西装，下面却穿着布满灰尘的皮鞋。西裤没有笔挺的裤线跟衣领肮脏的衬衫一样，即使是名牌也会让你的形象失色。干净整洁是对男性的基本要求。不加修饰的胡须，一头乱发，露出层层脏的内衣领，过于长大的裤子或各种显脏的灰色，这一切均会给人不整洁的印象。

2.摆脱单调

据调查，女性对一年四季总是穿同样套装的男人感到乏味。时装界提供给男性的服装款式本来就比女性少得多，如果自己再不精心挑选多种服饰，只在几种灰色式样中取舍，难免陷于单调。一个平时衣着极其朴素的人，刚开始尝试多种风格的衣装，除了勇气之外，还要有技巧。建议首先从模仿开始，你可以留意一些大牌男明星的衣饰打扮，他们一般均由形象设计师设计过，衣饰品位自然不俗，从中找到一个与自己气质相符的对象，多多观察他的衣饰组配风格，向其靠拢，然后在模仿中取长补短，体现自己的魅力。

3.不忽视色彩魅力

有些男士穿西装时看上去无懈可击，一旦换上便装便流于平俗。原因就在于这类男士缺少色彩意识，老是将自己定位于蓝、灰、咖啡之类的深色中。其实，脱下深色西装换上便装才是男士真正发挥魅力的时候。你可以尝试花格子衬衫配炭灰牛仔长裤，展现潇洒不羁；也可以选一件背面灰色而正面红色设计的夹克配黑皮裤，扮成一位摩托骑士；还可以穿红白相嵌的运动套装活跃于网球场上，释放青春活力；更可以穿上宝石蓝色的衬衫配紫灰或蓝灰的西裤，显得优雅得体。鲜亮一些的白色运用在男性身上，不仅能显出精神和活力，也可令形象更引人注目，受人重视。

男装在色彩的搭配上也是很讲究的，主要有统一法、对比法、呼应法。

（1）统一法　即配色时尽量采用同一色系之中各种明度不同的色彩，按照深浅不同的程度搭配，以便创造出和谐感。例如穿西服按照统一法可以选择这样搭配，如果采用灰色色系，可以由外向内逐渐变浅，深灰色西服—浅灰底花纹的领带—白色衬衫。这种方法使用于工作场合或庄重的社交场合的着装配色。

（2）对比法　即在配色时运用冷色、深色，明暗两种特性相反的色彩进行组合的方法。它可以使着装在色彩上反差强烈，静中求动，突出个性。但有一点要注意，运用对比法时忌讳上下二分之一对比，要找到黄金分割点即身高的三分之一点上（即穿衬衣从上往下第四、第五个扣子之间），这样才有美感。

（3）呼应法　即在配色时，在某些相关部位刻意采用同一色彩，以便使其遥相呼应，产生美感。例如在社交场合穿西服的男士讲究"三一律"。所谓"三一律"就是男士在正式场合时应使公文包、腰带、皮鞋的色彩相同，即为此法的运用。

（4）正装的色彩　非正式场合所穿的便装，要注意色彩搭配，而正式场合穿的服装，其色彩更要注意。总体上要求正装色彩应当以少为宜，最好将其控制在三种色彩之内。这样有助于保持正装保守的总体风格，显得简洁、和谐。正装若超过三种色彩则容易给人以繁杂、低俗之感。正装色彩，一般应为单色、深色并且无图案。最标准的正装色彩是蓝色、灰色、棕色、黑色。衬衣的色彩最佳为白色，皮鞋、袜子、公文包的色彩宜为深色（黑色最为常见）。此外肤色也关系到着装的色彩，浅黄色皮肤者，也就是我们所说的皮肤白净的人，对颜色的选择性不那么强，穿什么颜色的衣服都合适，尤其是穿不加配色的黑色衣裤，则会显得更加动人。暗黄或浅褐色皮肤，也就是皮肤较黑的人，要尽量避免穿深色服装，特别是深褐色、黑紫色的服装。一般来说，这类肤色的人选择红色、黄色的服装比较合适。肤色呈病黄或苍白的人，最好不要穿紫红色的服装，以免使其脸色呈现出黄绿色，加重病态感；皮肤黑中透红的人，则应避免穿红、浅绿等颜色的服装，而应穿浅黄、白等颜色的服装。

▲　图9-6　男装形象欣赏（一）

▲ 图9-7 男装形象欣赏（二）

▲ 图9-8 男装形象欣赏（三）

▲　图9-9　男装形象欣赏（四）

▲　图9-10　男装形象欣赏（五）

▲　图9-11　男装形象欣赏（六）

▲ 图9-12 男装形象欣赏（七）

第三节 各类风格的服饰品

　　饰品文化早已跳脱了搭配高贵典雅晚礼服的局限，更多的是闪耀在休闲场合，甚至是搭配运动鞋这些日常的生活之中。它们可为女性时刻带来充满活力的青春，为装扮注入无限的光彩和魅力。而这样的风格已经在不知不觉中掀起了一股强烈的潮流旋风，回归大自然是其中的表达方式之一。在回归大自然的过程中寻求鲜艳浪漫但绝不花哨的味道。而未来的一段时间内，海洋、太空等具有神秘色彩的大自然主题将会大行其道。

　　另外，值得一提的是，在这股追求"自然"的时尚风中，全球饰品界逐渐开始关注东方。近些年来，亚洲饰品逐渐走向国际，特别是韩国的流行趋势和风尚开始在世界占有一席之地。韩国，甚至整个亚洲的风格都显得更简约、自然、直率，更加具有亲和感，并且散发着东方独特的气质美，在全球饰品流行行业内，显露出与西方文化所不同的民族特点，因而异常吸引世界的注意力。

　　宽大简约是饰品时尚极受瞩目的潮流之一。具有舞台夸张效果、立刻吸引人眼球的造型，将成为火红的潮流指向标。"自然流露的自信"是21世纪女性的最大魅力，因而造型简约、宽大的饰品最能展示现代女性开朗自信的美。并且配合流行的"大自然风格"，在原材料上选取以亲近自然为主，讲究磨砂和粗粝质感的原坯制作，以及模仿自然生命的造型设计必将成为今后一段时间里的流行主打。

　　同时流畅的线条设计已经流行一段时间，它还将在一段时间内成为设计师所钟爱的造型。例如凌空而下的瀑布造型，古典优雅的垂吊设计，潺潺流动的水流线条，深邃海底之光，以及冰中呼之欲出的光芒等款式，都将继续在时尚饰品界流行。

　　在款式方面，尤为需要注意的一点是，尽管流行趋势在不断变换，但饰品一定要给人以"能够互动搭配、时刻以人为本"的基本概念。时尚饰品很重要的作用在于给人的外在形象以画龙点睛的效果，因而如何搭配饰品，相比流行什么饰品同等重要。所以时尚饰品设计的重点，必须要以人为本，让消费者能轻而易举地作各种搭配，展现自我个性，回归"随意而不随便"的哲学，让女士们能尽情地把长短粗细各异、款式风格不同的各类饰品，自由结合，发挥个人创意，表现自我的时尚品位。在这样的基本理念下，去挖掘流行元素，才是时尚饰品在款式方面流行的永恒主题。

　　时尚饰品的流行趋势在保持其基本恒久原则——个性、提升自我的同时，不断变换着方向，各种风格、材质、色彩轮番登场，从不同的角度、不同的形式，打造着现代时尚女性的气质和魅力。对时尚饰品流行基本原则的充分理解，以及对其阶段性流行元素的充分把握是始终站在流行舞台中央的保证（见图9-13～图9-18）。

▲　图9-13　流行饰品欣赏（一）

▲　图9-14　流行饰品欣赏（二）

▲ 图9-15 流行饰品欣赏（三）

▲ 图9-16 流行饰品欣赏（四）

▲ 图9-17 流行饰品欣赏（五）

服饰搭配具有很强的统一性的特征，主要体现在以下几个方面。

▲　图9-18　流行饰品欣赏（六）

1. 形式美的统一

在流行服饰中，衣服与饰品相依相存，构成完整的形式美。流行的配饰造型与色彩在服装整体美的形成中具有重要作用，造型一般与当前流行衔接很紧密，色彩在整体搭配中常常起到强调与对比的作用。比如图9-13夸张的眼镜与上衣和咖啡色相呼应，在质感上形成明显的对比，虽然服装比较花哨但是在变化中寻求服装整体的统一与协调。

2. 装饰性的统一

装饰是饰品的最主要功能。主体的审美需求是流行饰品发展的原动力与总体趋势。比如图9-16右，耳环的颜色与服装的颜色相一致，使得服装更添女人味；图9-18中，服装的款式在追求大的阔形，而面料的柔软性又尽显女性柔美的一面，耳环作为整体服装中视觉冲击力较强的元素首先映入眼帘，既呼应了服装，达到服饰与配饰的统一，又是整体服装中的一个亮点。

课外学苑　腰饰、脐链、脚饰

腰饰可以有腰节、腰带、挂刀、佩刀等。现代人也常把手机、眼镜盒、玉佩等挂在腰上；也有的人在腰上挂一只旅行腰包，这些均可以视为腰饰。腰饰中尤其是各式腰带对突出女性体型之美、服饰形态之美有着很好的效果。

脐链指有些少数民族（黑人多见）女性在脐的皮肤褶皱处穿孔，带上金属环，或者连着链条，挂在腰间，更显裸体的美感。

脚饰有脚镯、脚链环、脚链镯等，戴于足踝部，或者在脚趾上套金属环等。脚饰的佩戴也主要见少数民族，热带赤脚不穿袜，脚饰更盛行。

思考与练习

1. 结合当前流行趋势，分析服装搭配的元素并以此元素做设计。

2. 将中国民间传统元素作为设计元素，设计一套女装配饰（耳环、手链、项链、提包等）。

参 考 文 献

[1] 张海晨. 服饰配件设计. 上海：上海交通大学出版社，2004.

[2] 吴静芳. 服装配饰学. 上海：东华大学出版社，2005.

[3] 孙欢. 服饰搭配艺术. 杭州：浙江科学技术出版社，1998.

[4] 邝幸. 冠冕堂皇帽子图话. 天津：百花文艺出版社，2004.

[5] 陈建辉. 服饰图案设计与应用. 北京：中国纺织出版社，2006.

[6] 洪波. 服饰图案. 北京：高等教育出版社，2008.

[7] 周国屏. 服饰图案. 北京：高等教育出版社，2003.

[8] 潘鲁生. 装扮设计. 济南：山东美术出版社，2007.

[9] 西蔓色研中心. 中国人形象规律教程. 北京：中国轻工业出版社，2004.

[10] 张人之. 四季美装造型. 北京：中信出版社，2006.

[11] 三妮. 形象决定一切. 北京：文化艺术出版社，2005.

[12] 潘福晶. 时尚配饰新概念. 北京：中国林业出版社，2002.

[13] 范文东. 色彩搭配原理与技巧. 北京：人民美术出版社，2006.

[14] 王旭晓. 美学原理. 上海：上海人民出版社，2000.

[15] 邬红芳. 服饰配套艺术. 北京：中国轻工业出版社，2001.

[16] 王弈等. 服装设计. 哈尔滨：黑龙江美术出版社，2004.

[17] 苏永刚. 男装设计. 重庆：西南师范大学出版社，2002.

[18] 琴石. 男人的包装：男士服饰搭配常识. 广州：广东教育出版社，2001.

[19] 顾筱君. 21世纪形象设计教程. 北京：机械工业出版社，2005.

[20] [日] 松本留美. 四季服饰创意搭配. 灵思泉译. 南京：江苏美术出版社，2008.

[21] 冯素杰，邓鹏举. 服饰配件设计与制作. 北京：化学工业出版社，2015.